U0222586

认识方式

认识方式

一种新的科学、技术和医学史

[英] 约翰·V·皮克斯通 著

陈朝勇 译

世纪出版集团 上海科技教育出版社

出版说明

自中西文明发生碰撞以来，百余年的中国现代文化建设即无可避免地担负起双重使命。梳理和探究西方文明的根源及脉络，已成为我们理解并提升自身要义的借镜，整理和传承中国文明的传统，更是我们实现并弘扬自身价值的根本。此二者的交汇，乃是塑造现代中国之精神品格的必由进路。世纪出版集团倾力编辑世纪人文系列丛书之宗旨亦在于此。

世纪人文系列丛书包涵“世纪文库”、“世纪前沿”、“袖珍经典”、“大学经典”及“开放人文”五个界面，各成系列，相得益彰。

“厘清西方思想脉络，更新中国学术传统”，为“世纪文库”之编辑指针。文库分为中西两大书系。中学书系由清末民初开始，全面整理中国近现代以来的学术著作，以期为今人反思现代中国的社会和精神处境铺建思考的进阶；西学书系旨在从西方文明的整体进程出发，系统译介自古希腊罗马以降的经典文献，借此展现西方思想传统的生发流变过程，从而为我们返回现代中国之核心问题奠定坚实的文本基础。与之呼应，“世纪前沿”着重关注二战以来全球范围内学术思想的重要论题与最新进展，展示各学科领域的新近成果和当代文化思潮演化的各种向度。“袖珍经典”则以相对简约的形式，收录名家大师们在体裁和风格上独具特色的经典作品，阐幽发微，意趣兼得。

遵循现代人文教育和公民教育的理念，秉承“通达民情，化育人心”的中国传统教育精神，“大学经典”依据中西文明传统的知识谱系及其价值内涵，将人类历史上具有人文内涵的经典作品编辑成为大学教育的基础读本，应时代所需，顺时势所趋，为塑造现代中国人的人文素养、公民意识和国家精神倾力尽心。“开放人文”旨在提供全景式的人文阅读平台，从文学、历史、艺术、科学等多个面向调动读者的阅读愉悦，寓学于乐，寓乐于心，为广大读者陶冶心性，培植情操。

“大学之道，在明明德，在新民，在止于至善”(《大学》)。温古知今，止于至善，是人类得以理解生命价值的人文情怀，亦是文明得以传承和发展的精神契机。欲实现中华民族的伟大复兴，必先培育中华民族的文化精神；由此，我们深知现代中国出版人的职责所在，以我之不懈努力，做一代又一代中国人的文化脊梁。

上海世纪出版集团

世纪人文系列丛书编辑委员会

2005 年 1 月

认识方式

献　　给

乔纳森(Jonathan)和埃德温(Edwin)

目录

对本书的评价

《认识方式》是几年来最激动人心的尝试，它将我们对于科学发展的观点进行了重新阐述和重新理论化。以福柯理论为基础，又超越了该理论，皮克斯通呈献了一本在概念上复杂、在经验上丰富的历史书。本书构建了我们现在所拥有的最激动人心的综合。

——波特(Roy Porter)

伦敦大学学院韦尔科姆医学史中心教授

在《认识方式》中，皮克斯通对科学、技术和医学(科技医)的历史发展进行了一次重要的、新的、综合的处理。迄今尚无其他单卷本著作具有其范围广度、细节深度和学术掌控。在全书中，皮克斯通机智地将日常事例和更深奥的科技例子融为一体——例如，博物学的阐明不仅通过考察植物学和博物馆收藏，而且也通过诉诸消费中的鉴赏。他还极好地讨论了公众理解科学和管理主义的兴起，他令人信服地证明，公众科学中当代的争论实际上来自科技医的长期历史，如果通过它来理解会变得更加清晰。

——谢弗(Simon Schaffer)

剑桥大学科学史及科学哲学系教授

内容提要

本书是一部创造性的、易于理解的科学、技术和医学史著作，时间跨度从文艺复兴时期至今。作为研究这个范围的一部专著，它将历史与现今的关注点联系起来、将专门知识与日常生活联系起来。它既凸显出连续的历史时期中科学、技术和医学的重要特征，又揭示了在包括我们自己的任一特定时期中明显的许多层次的理解。

本书的范围从博物学到工业科学，从自然巫术到现代商业的诱惑，从对躯体、机器和语言的分析到自然和科学的意义的问题。

本书以流畅的、非专业的文字给出在科学史、在常常是分离的技术和医学史方面近期最好的学术成就。这些领域的专家可以读到这种方法的新奇之处，历史和文化研究者可以读到这种方法的范围可到之处和可延伸之处。对于关心科学的伦理和政治维度的所有人，本书提供了争论的长期视角和工具。

作者简介

皮克斯通(John V. Pickstone),出生于英国伯恩利。先学生理学,后在伦敦切尔西学院获得哲学博士学位。博士论文研究法国19世纪早期的普通生理学。在美国明尼苏达大学两年之后,于1974年到英国曼彻斯特大学研究医院史。1986年,他创建了曼彻斯特大学科学、技术和医学史中心,现为该中心韦尔科姆研究教授。其著作广泛涉及生物医学科学史、英国科学和医学的社会史及卫生保健和医疗技术的近期历史。著有:《医学与工业社会:曼彻斯特及其地区1752—1946年的医院发展史》(1985年)、《从历史角度看医学革新》(1992年,编者、撰稿者)、《二十世纪医学指南》(2000年,与Roger Cooter合编并撰稿)、《外科医生、制造商与患者:大西洋彼岸全髋关节置换史》(2007年,与Julie Anderson、Francis Neary合著)。

中文版序

很高兴为此译本加上说明，并感谢负责中文出版的有关人员。我继续希望，本书除了为了解较多科学史的学生和学者提供一个新的视角以外，对了解科学史不多的人也会是一本有用的导论。很遗憾我对中国的科学传统了解得非常少；但是也许我关于“西方”的论述对进行比较、对分析东西方文化联系会有用。

从最初英国出版之后的数年里，《认识方式》在西方学者中引起了越来越多的关注，重要期刊《爱西斯》(*Isis*)于2007年9月发表了我的论点的发展。在此说明中，我想提及这些发展的某些内容，并思考本书与中国读者有怎样的关系。

本书通过集中讨论与四种“做或工作方式”相关的四种“认识方式”，解释“在西方”的科学、技术和医学史。我们首先看前两种认识和工作方式：

1. 世界的“解读”，好像世界是由文本构成，及相关的修辞或说服“工作”；

2. 世界上事物的描述和分类，及我们用以对这些事物进行处理的手工艺实践。

好像所有文化大概都使用这两种形式的“工作知识”。我们都试图说服其他人关于事件的意义；我们都分出事物并通过各种手工艺改变它们。第一种实践涉及符号，第二种涉及自然种类——但是这些相互分离的程度随时间和空间而变化很大，并且在许多文化的宇宙论中“自然事物”和“意义载体”之间并没有清楚的分离。认识到一定的疾病如癫痫的“自然性”被宣告为(某些)古希腊医生的成就，癫痫以前被解读为神的干预。但是最现代的我们在突患重病时仍然会奇怪“为什么是我?”我们沉默的答案可能是对我们生活的判定，不仅是与细胞和分子相关。

我很想更多地知道在中国文化中这些“自然化”过程的情况。自学者们得到宽慰，他们告诉我，在他们想比较东方和西方时，像“宇宙论”、“手工艺”(及“医”)这样的词似乎适用，而像“科学”这样的近代西方的范畴却很难翻译。(本书第二章论述西方的宇宙论，从1500年至2000年；第三章论述自然事物和手工制品。)

我所描述的在悠久的西方传统中的第三个元素是数学——以数的观点理解模式。以叠加的圆周运动的观点分析复杂的行星运动是古代的伟大成就之一，并形成当时帮助改变西方宇宙论的数学传统的核心，这些数学传统也帮助人们瞄准枪支和航行船只。我希望我说了很多这些理论和实践传统的内容，它们与各种宇宙论(即自然哲学)及对事物的说明(即博物学)一起形成西方认识和工作传统的三大支柱。你可能会说它们构成“科学”；但是在我看来这样没有帮助。如果我们使用这些旧的名词，我们就不仅获得历史的精确，而且更好地理解这三种途径的独特性和持续的意义，及它们的相互作用和理论与实践的各种关系。

我们也开启了跨文化比较知识传统的更好的方法。

这些古老的实践(自然哲学、混合数学[mixed mathematics]* 和博物学)在某种意义上持续到现在,虽然它们不再用于划分我们的认识和工作方式的重要的正式的门类。今天我们以各种不同的科学的观点思考,并且它们在某些文化中似乎结合成科学(Science)——首字母大写,并且好像是被作为单数对待。本书(在第四、第五章中)探讨这些新科学是怎么创立的,从18世纪后期直到现在。其中多数围绕分析形式建立,这些分析形式不再仅是数学的,而且以每一种新科学特有的物质的"元素"为主题工作:如像地质学中的岩层、组织学中的身体组织,或者分析工程学中的简单机械——它们所有的元素都或多或少是新的发现。1800年前后,化学是一门模范科学,因为化学元素(如氧)已经以一种新的方式被理解为——并非理解为宇宙的始基(如像土、气、火、水;或运动中的物质),而是实用主义地理解为——化学家还不能成功分解成其他元素的物质。这些新元素中一些是更"物理的"而不是化学的——如光、热和静电荷。它们的运动方式和可能相互作用的方式形成新的物理科学的基础——当热、电和光逐渐被看成是"能"的形式后,它们结合成了"物理学"。

我探讨这些新科学怎么、在哪里、为什么创立,及它们怎么与第一次工业革命、与如工程和医学职业中的政治变化、与特别是在德国的大学改革相关联。我也探讨怎么、为什么特别是在英国和美国某些男人(及少数女人)在这些新科学中求职及进行科学作为非宗教的高等教育的重要内容的运动。尽管这些新"科学家"中的多数在某种意义上是基

---

* 18世纪普遍使用的术语,指应用数学的领域,包括力学、光学、天文学等,与纯数学相对。19世纪以后为"应用数学"一词所代替。——译者

督徒(有许多重要的例外),但是对于他们来说,“世界的意义”(旧的自然哲学)常常被划出他们的科学、划出科学,而只是继续作为个人宗教、作为学术性的“哲学”或者存在于文学的价值讨论中,等等。

这些新的分析科学极其重要,特别是在帮助精炼技术实践和开发新的操控世界的方式方面。它们继续形成,直到今天,只要使得一批新的“元素”“可见”并且也许可操控。例如,在新的科学基因组学中,基因作为碱基序列被理解和操控。某些分子生物学家现在会告诉你,所有的生物学和医学问题都可以还原到基因和蛋白质,生物医学现在是一门大的学科,19世纪的如生理学和胚胎学之间的区分不再重要。其他一些生物学家不会同意,他们力图保持它们分离的研究传统。还有另外的生物学家现在可能注重新种类的博物学或分析方法或综合的数学模型——回应着我们已经提到的旧的知识结构。

如果新科学的“元素”可以操控并也许可分离,它们就也许能够以新的方式结合,如在约1860年以来的合成有机化学中一样。那时,化学家发现他们可以可靠地生产在动植物中从没有存在过的有机化合物。我希望强调过去两个世纪积累的综合发明浪潮的重要性。第一次工业革命(在1800年前后)及机械化手工制作开启了以许多种新方式结合机械元素的可能性;到1900年前后,许多新的电工技术系统引起了注意,与合成化学的医学和工业可能结果并驾齐驱;在我们自己的世界里,信息技术和遗传工程似乎充满综合的可能性。但是我们也应该永远记住旧的技术和它们演进的方式持续的重要性:例如,工厂生产技术和集装箱船运技术,它们已经证明对近期中国经济的发展非常重要。

在本书第七章中,我着眼于分析,及特别是综合的工作知识在过去的150年间被动用在社会网络中的方式,这些社会网络结合了大学、工业公司和政府三方面,形成技术科学系统——一些的首要目的是为军事(如第一个原子弹工程),一些为商业(如有创新能力的企业有限公司),一些追求知识(如高能物理设施)。在20世纪,这些网络和共有的工程已经变得非常重要,但是,我们也不要让它们掩盖了旧的知识和实践形式的历史。

在最后一章,我着眼于西方世界现在常常理解科学的方式,及科学如何可以以不同方式看待。同样,令人感兴趣的是,看看我的论点怎么适用于一种具有不同传统并且在那里"科学"和"近代西方"似乎略过了的文化。

你或许已经发现,本书不是一部科学发现的故事集,尽管大多数科学发现在我这里探讨的不断变化的知识和实践景观中具有一定的位置。我没有描述一个简单的故事,因为知识和技术世界并不简单;但是我确实力图表明复杂的历史怎么可以通过使用一套相对简单的工具进行分解和理解,不断变化的工作知识构型怎么可以通过其元素进行探讨。我没有将科学从医学和技术中分离开——因为一般而言,这些分类是"纯学术的",它们越来越不重要了。通过将这三个领域及其历史说明合到一起,我们会学到很多。

当然,我讨论了一些专深的东西,但是我力图将它们与常见东西联系起来。在一本如此范围的书中,不可能详细讨论知识实践在其中发展和使用的所有的社会世界,但是特别是对于1800年前后的时期,我力图表明知识的变化怎么与工业、政府和广泛的文化中的变迁相联系。在这里与在其他许多方面一样,本书除了提供一种编年框架和一套工具之外,也提出一个社会和历史研究议程。虽然我称本书为一种新的**科学、技术和医学史**,但它已经扩展成了更普遍的知识实践史,尽管只是以简略的形式。例如,对于19世纪早期的分析和1900年前后的综合,我需要说的是,它们与西方艺术的重要特征协调一致——像17世纪“博物学”的成长与当时的自然主义艺术协调一致一样。

最后一点。在其范围与对日常事情的关注方面，我研究科学技术史的方法反映我受到的医学史训练。我喜欢检视多种知识的相互作用和“嵌套”，这些知识种类你可以看到在任何时代和任何地方都在发生作用，特别是在近期的医学中，我们已经指出，在那里许多医学文化同时存在并相互作用——从针灸到“大药商”。但是医学有另一个特征使它区别于许多物质技术：它具有伦理和社会目标；它医治疾病和保护个人与社会的健康。因此，尽管有许多困难，我们还是可以以那些人类目标和标准判断各种医学；我们的历史同样“基于价值”。但是越来越显得，我们也将需要根据相似的标准判断我们的物质技术：它们有助于保护我们的星球及其居住者的健康——不仅仅是财富——吗？我们的科学除了提供经得起批评的知识外，有助于达到这些人类目标吗？

科学不是单块巨石。如我希望表明的，有许多方式从事科学。我们仍然看到“信息收集”和数学的重要性，与新形式的分析、实验和发明并驾齐驱。我们对物质世界理解的变化仍然与关于幸福生活——关于健康的身体和心理、关于群体和我们共有的星球家园的健康——的宇宙论问题紧密相联。正是由于在心中装着这样的大问题，我们应该回顾我们不同的传统并在前进的道路上交流思想。如果能知道我的说明与中国人的理解一致，我将会特别高兴。

2008年1月

致　谢

一本如此视界的书会反映并产生很多债务。我在起初接受生理学训练之后，于1968年开始研究科学史。我愿意感谢所有对我第一阶段的教育有贡献的人——在伯恩利、剑桥和安大略的金斯顿；我还要感谢所有我作为历史学者与之一起研究和工作的人——在伦敦（伦敦大学学院和切尔西学院）、明尼阿波利斯和曼彻斯特［首先在曼彻斯特大学理工学院卡德韦尔（Donald Cardwell）所创的系，从1986年开始在曼彻斯特大学］。我特别感谢帮助创立我们的科学、技术和医学史中心（Centre for the History of Science，Technology and Medicine，简称CHSTM）的过去和现在的所有同事。

像这样的一本书，如果没有数百名学者的工作是不可能完成的，我认为自己幸运地成为一个具非凡创造力和共同合作的国际团体的一部分。我在文中尽量慷慨地给出了参考资料——尽量多地提示进一步阅读以加强我的观点——但是这些感谢远不足以还清真正的债务。如果我忘记写下你的贡献，我请求原谅。如果发生更坏的情况，我误述了你的观点，或者我弄错了一个你很了解的主题，请按文末的地址给我写信好让我知道，希望我可以更正。这是一本新颖的书；我欢迎讨论。

从我第一次开始表述本书的主导思想后，我有幸得到了几位好朋友和同事的问题和支持。埃杰顿(David Edgerton)在整个过程中一直是一位有激发性的批评者，卡斯滕(Janet Carsten)在早期鼓励了我，西科德(Jim Secord)安排了“大图景”会议，在会上一些思想是第一次向英国科学史学会阐述。哈伍德(Jon Harwood)、沃博伊斯(Mick Worboys)和莫雷尔(Jack Morrell)一直是有智慧的顾问，斯坦顿(Jenny Stanton)的贡献也不仅仅是一次至关重要的思想澄清。当我担心自己在物理科学方面犯错时，我的疑虑在不同的时间由谢弗(Simon Schaffer)、史密斯(Crosbie Smith)、沃里克(Andy Warwick)、巴德(Robert Bud)、马什(Joe Marsh)、瓜尼尼(Anna Guagnini)及对卡德韦尔和法勒(Wilfred Farrar)的记忆所打消。加比·波特(Gaby Porter)教了我很多有关博物馆(及其作用)的知识。我感谢他们所有人，感谢奥特拉(Seona Owtram)的友好和理解。

我将相关材料带到英国和欧洲大陆的几个讨论班：在曼彻斯特的；伦敦的历史研究所和科学博物馆；在乌普萨拉召开的技术史学会会议；巴黎的国家健康与医学研究院第158单元和拉维莱特；阿姆斯特丹的科学动力学系；格丁根大学医学史研究所；以及柏林的马普科学史研究所。在科学、技术和医学史中，欧洲链的扩展成为过去10年最好的特征之一，我感谢那些城市的历史学者持续的友谊。

在家附近，我非常感谢我的同事和曼彻斯特大学其他系的以前的同事：感谢布勒伊(John Breuilly)，他使我相信自己的工作对政治史学者有用；感谢英戈尔德(Tim Ingold)，因为物质文化的讨论；感谢哈维(Penny Harvey)，因为经济与社会研究委员会(ESRC)关于技术作为技能实践的讨论班；感谢波因顿(Marcia Pointon)，因为艺术史方面的建议和他的智力热情；感谢佩雷拉(Katharine Perera)，因为其令人愉快的清晰消除了我们带给执行副校长助理们的困难。在英国，这里和其他地方的大学成员在面对日益增长的官僚性时还保持如此的同事合作关系，这很好地表明了他们的精神和知识分子义务，而不是表明我们有能力劝阻政府放弃浪费数百万英镑税款的不必要的工作。

在准备本书出版的过程中，我大量地获得了 CHSTM 及其他地方的同事的友善和宽容。哈伍德、阿加(Jon Agar)、休斯(Jeff Hughes)、扬科维奇(Vladimir Jankovic)、格斯特(Paula Guest)、格鲁耶瓦(Lyuba Gurjeva)、蒂默曼(Carsten Timmermann)、豪斯曼(Gary Hausman)、伍兹(Abigail Woods)和马修斯(Sharon Mathews)，他们关切地阅读了书稿并提出了有益的意见。沃博伊斯、罗伊·波特(Roy Porter)、埃杰顿和谢弗也是慷慨且有建设性的批评者。莫特拉姆(Joan Mottram)和往常一样帮助准备本书，同样的还有阿斯皮诺尔(Yvonne Aspinall)和瓦列尔(Helen Valier)。我感谢他们所有人；任何人都不应该因为本书不完善的地方而指责他们。

在曼彻斯特大学出版社的格雷厄姆(Vanessa Graham)、惠特尔(Alison Whittle)和技术编辑卢卡斯(Carol Lucas)进行了很好的处理，芝加哥大学出版社的艾布拉姆斯(Susan Abrams)给予了认为优秀的科学史既是一项事业又是一项商业的出版者才可能有的鼓励。我最要感谢赫斯特(Damien Hirst)，因为他允许使用“没有生命的形态”(Forms without Life)的封面插图，感谢温特沃思(Richard Wentworth)，因为他先前的建议。

威康信托基金会(Wellcome Trust)是我们在曼彻斯特的工作的一个慷慨资助者，它还友好地提供给我部分假期来汇总本书由以构建的一些书稿。我深深地感谢此信托基金会为医学史所做的一切(及许多它可能仍在做的)。

最后,我感谢我的家人——特别是我的母亲,以及所有照顾她的人,还有维维恩(Vivienne),因为她的友谊和支持。这是一本关于过去的书,但是它着意于未来,因此将它献给我们的儿子乔纳森(Jonathan)和埃德温(Edwin)。

皮克斯通(John V. Pickstone)
韦尔科姆机构及科学、技术和医学史中心
曼彻斯特大学
http://www.man.ac.uk/chstm*

* 现为 http://www.chstm.manchester.ac.uk,承蒙作者来信告知。——译者

致读者

本书具有一种新的形式，并计划面向范围广大的读者。它勾勒科学、技术和医学的历史，**不是**以单一的时间顺序，也不是以学科跟随学科的方式，而是作为不同的认识方式（ways of knowing），其中每一种都有自己的历史。这些认识方式以不同的方式相互交织；它们在任何时期都能找到，但是其相对重要性却随时间而变化。我选择将它们称为世界解读（worldreadings）[或解释学（hermeneutics）]、博物学（natural history）、分析（analysis）、实验（主义）（experimentalism）和技术科学（technoscience），其中每一种都有一章（或两章）的论述。在每一主要的章节中，有**一些**从文艺复兴时期到当今整个5个世纪的材料，但是较后的章节大量地集中在更近的时期。

这样，通过本书的核心部分建立了图景：我们看到，知识的层级在几个世纪中变化、重叠和增长；我们认识到作为每一时期特征的特殊知识构成，但是我们也了解到**各种**“认知”（knowings）在任一特定时期都在起作用。这种方法似乎是现实的、开放的，并易于遵循——但是它与大多数这样的历史有很大的不同。

由于这个原因，我在第一章里充分解释了我的方法，该章的目的，部分在于针对已经了解一些科学史并想知道我的框架怎么与其他的框架相联系、或者想知道我的认识方式怎么相互之间并与制造（即技术）方式相联系的读者。如果这些并不是**你**首要关心的，并且你发现这个方法体系有点“沉重”，那么只需略过第一章，从第二章开始阅读。

第二章也强调各种认识方式，但是它着重于世界解读——自然和科学变化的“意义”。它呼应最后一章即第八章，在最后一章，我回到意义和政治立场的问题——针对我们自己的时代。因而第一章、第二章、第八章一起提供了本历史书的核心部分的一个反射框架。一些读者可能喜欢首先集中于核心章（第三章至第七章）中更“科学的”材料，然后再回来考虑这个框架。

请以最适合你的方式使用本书。它是一套故事，但也是一套工具；一包可以以各种方式阅读的叙述，一堆关于过去和现在的论述。

如果想得到更多的信息，就跟随文中括号里提及并在正文之后列出的参考文献，在那里我标出了参考著作和一般大众能够理解的书籍。如果想搜索在线资源，你可以从 www. man. ac. uk/chstm/上的链接开始。

第一章　认识方式：导论

让我们从卵说起。大多数动物都有卵，许多植物也有。如果你愿意，你可以获得许许多多不同动物卵的详细描述，因为博物学家采集了它们，在印刷品中描述了它们，并将标本和资料进行了归类。在世界上任何一个大的自然博物馆中，都能找到螳螂、变色龙或大象的卵的资料。对于卵具有经济价值或医疗价值的种类——对于寄蝇类、食用鱼类或母鸡——资料就非常多了。所有这些标本和资料是怎么采集、保存的呢？为什么要采集、保存呢？又是谁填充了自然界的陈列室呢？

人类个体发育起源的卵的情况怎样？我们对它了解些什么？在1600年，专家们可能会说你来自一种液体的混合物——作用于母亲生殖液的父亲生殖液。哺乳动物的卵在17世纪被首次描述，精子——每一滴精液中有数百万这种微小的“生物”——也是。它们到底是什么？我们现在非常熟悉精子、卵子和胚胎的影像，也非常熟悉子宫内人类胚胎发育后期的生动影像，以至于我们可能忘记了所有那些微观的、隐藏的过程是如何成为可见的，忘记了那些“自然的”图像背后隐藏了多少创造性和解释。而这只是卵的“外表”。

假如你想“看到里面”？ 化学家会向你提供所食蛋(卵)的化学成分的大量内容；对它们的了解，化学家已达到化学元素的水平。生物学家会告诉你，受精卵是一个细胞，它不断分裂产生形成成体的成千上万的细胞，每个细胞的细胞核中都含有染色体，染色体在细胞分裂期间是可见的。胚胎学家了解脊椎动物胚胎的“胚层”，了解一个受精卵变成一个微小的、由细胞构成的空心球的方式；这个球的一面如何，向内褶皱像一个扁了的网球那样；这两层结构然后又怎样生长，内壁形成肠道内层，外壁形成神经系统和皮肤，而第三层即中(胚)层形成身体的其他部分。这种奇妙的“原生质折纸手工”其大部分内容是在19世纪由学者们在对胚胎、生命和社会的“发育”着迷的德国教授的领导下进行了研究。

到19世纪末，他们想办法进行干预。如果移除一个分裂卵的一半会发生什么情况呢？ 将会得到两个完整胚胎，两个各自一半的胚胎，还是介于它们之间的某种中间物？ 这个实验会告诉你卵的各部分的“潜力”吗？ 在海边实验室，这些教授能够在夏天研究海洋生物的卵，他们开始学到如何控制卵的发育。现在，我们有人工授精、克隆和“多莉”羊。在20世纪，胚胎得到进一步分析，科学家揭示出染色体由核酸组成，构成基因，基因在发育过程中“开启”和“关闭”。结构分析和化学分析现在在大分子水平上汇合在一起(Hopwood，即将出版；Jacob，1974；Needham，1959)。

本书是论述进入“我们所知的卵”的所有各种**认识方式**。它论述**博物志**——对事物的描述和分类；论述到达各种基本元素如胚层、细胞和化学元素的**分析**；论述控制现象和系统地创造新事物的**实验**。我将力图表明，许多科学、技术和医学(英文简称STM，中译简称“科技医”)能够以这三种认识方式及其相互作用的观点来理解；我还将力图表明，这种方法也能够阐明STM的**历史**。我的阐述包括：行星和恒星，云和杜鹃，矿物和化学物质，机器和蒸汽机，病人和细菌，真空管和放射性，电子学和药物，原子弹和遗传工程——甚至包括语言和社会。这可能不够全面——确实，在数学方面明显薄弱——但是范围很广。在下面几节，我将介绍我的方法并详述将这一独特的方法用于研究一个巨大的题目——从16世纪文艺复兴到现在西方科学、技术和医学的历史。但是首先，我要增加另外两个维度，它们以某些方式“框定”了我刚提到的这三种认识方式——博物志、分析和实验。

我要表明认识方式怎样与**生产**方式——**制造**方式，或者护理和改良方式(农业和医学中)，防卫或摧毁方式(在军事科学技术中)相联系。我对知识变成商品或变成其他产品如药物或新武器的方式感兴趣。我使用**技术科学**一词来指深深依赖于科学的技术工程(或相反)，我还提出，主要是从19世纪后期开始，(一些)学者、(一些)实业家和(一些)国家行政机构开始创立系统创新的网络，这些网络越来越成为20世纪的特征。例如，卵(蛋类)现在成为一个巨大的产业，不仅是通过母鸡饲养的标准化和机械化，而且是在高技术企业，这些企业克隆高价值家畜的卵，使用了所有的实验生物学的技术，并与大学和政府机构紧密合作。

我将论证，技术科学是我们世界——人造世界和“自然”世界——的核心。但是我们必须正确地解读它。例如，为什么高技术公司卖给我们的产品是作为“品牌”，是作为(我们的)地位、具鉴赏力或现代性(Klein,2000)的象征？它们的生产过程在技术上可能大多数人并不能理解，但它们显然是诉诸“人的意义”。只有当我们理解这些价值时我们才能充分理解这些技术；我们对产品及其发明和生产的理解必须包含对**意义**的研究。但是对“自然”这也同样正确。不管是通过日常生活还是通过“科学”，**所有**我们所知道的世界都对我们有**意义**。它们也同样对形成我们的世界和我们的理解的那些男人和女人有意义——但**他们的**理解并不必然是我们的理解。探究他们的**世界解读**和他们的目的就是本书探索的部分内容。

重新回到卵，我们可以非常容易地看到这个层面。当我们观看一部有关发育中的胚胎的电影时，这可能提示我们进行调控的可能性——不论是好是坏。几乎没有人看到神的创造之光正在我们眼前展示，尽管那种态度是文艺复兴到19世纪很多“解剖”的氛围和动力，但我们许多人仍然认为，即使仅仅为了“预防”，固守“‘自然’的方式”也是明智的。人类发育过程中的畸形现在是“畸形学”的主题，畸形学是记录、分析“出生畸形”的一个医学分支，希冀发现遗传或环境方面的原因。畸形不再被视为惩罚或征兆，而这一度是推动进行这些研究的动力——但是当遭受不幸的父母问“为什么是我们”时，他们可能还是感受到那种理解的力量，而当通俗遗传学提示我们个体的未来很大程度上是“预成”时，我们也许会同情17世纪的微生物学者，他们在精子头部的耸起部分看到了预成物并认为他们解决了他们的(高级)科学中最深奥的谜团之一。如果上帝将世界创造为一部机器，那么人们怎么理解新事物的“产生”呢？也许所有事物在**创世**时就被“放好”了，就像俄罗斯套娃那样一个储存在另一个之中。对于他们来说，**这**就是隐藏在精子(或可能卵子)中并在胚胎中展现的微型机器人的意义。在一个时间有限的世界中，可能过去和未来的所有各代从创世的时候就都存在了。

因此如果你笑，就想想未来也会笑。

方法概述

我的科学、技术和医学史方法具有四个关键特征：

1. 时间跨度大：贯穿过去300年的历史；

2. 范围广阔：集科学、技术和医学于一体——将它们的历史与人类的其他历史联系起来；

3. 将科学—技术—医学分解为组成元素——各种**认识方式**，及其不同历史；

4. 将这些**认识方式**作为与多种制造和修复方式相联系的工作形式。总之，我使用“认识方式”来构筑包括过去和现在的难懂的、专业的世界与“日常的”世界之间的桥梁。

时间跨度大

历史学家可能谨慎地局限在他们所研究的时期。他们担心，如果研究跨越几个世纪的事件，他们可能会丧失对特定时期和特定地点的特征敏感，因而错解它们。因此，我们常常专攻特定时期和(或)某一学科的历史，如19世纪物理学史。但是，当研究特定时期和特定地点时，我们很容易看不到“大图景”(big picture)，以及只有当我们知道某物**不是什么**时我们才知道它是什么这个事实。比如，要理解18世纪的医学并相互进行交流，我们需要知道它与我们当代的医学有什么不同。通过了解当代医学，我们就能够更充分地理解18世纪的医学，反之亦然。“不同时期”之间相互说明。

当然，我们必须小心，不要以现在的观点来看待18世纪的医学［即学者的“现在主义”(presentism)错误］，或仅考虑后来发展的根源，而完全不顾自那以后其重要性已经减弱的那些方面［即所谓的

"辉格主义"(Whiggism)的错误]，但在我看来，我们应该或者可以忘记我们现在的范畴，这样的主张是幼稚的。如果我们这样做，我们就会像人类学家"本地化"一样，不会有多大用，就不能够与研究者同行交流。[1]正确对待过去并**将之应用于现在**，我们需要大的框架，在其中进行比较。由于这些原因，本书研究大的时间跨度，并使用很宽泛的"科学"定义。

范围广阔

我们大多数人使用"科学"、"技术"和"医学"这些术语，并没有很仔细和注意，不精确和混淆是普遍现象。当要求说出一项科学成就时，我们常举出一种设备或生产过程，而这更适于称作技术。依次，"技术"一词，很像"生物学"或"历史"，是多义的；它可以指仪器或方法，或指对这些仪器的**研究**。"医学"(medicine)更容易使用(如果我们忽略外科和"内科"意义上的"medicine"* 的不同的话)。但是在宽泛意义上的"医学"奇怪地与"科学"和"技术"并列，因为"医学"包括与健康和疾病相关的科学和技术。在这个意义上，"医学"作为一个多义的名词，像"农业"、"工程学"或"电子学"——医学可以包括从民间药物到脑部扫描装置，就像"电子学"涵盖从计算机游戏到粒子物理学一样。这些多义名词对历史学家非常有用，部分原因在于，它们回避了或至少是推迟了什么作为科学而不是技术的问题。但是遗憾的是，我们没有一套完整的多义术语与"医学"相当——例如，我们仍然说化学**科学**和化学**技术**——我们也没有一个词语能够涵盖所有这些类似的科学—技术领域。如果我们想用一种表达方式涵盖在其他时代及我们时代里科学—技术—

---

* medicine在英语中有"医学"和"内科"两种含义。——译者

医学的所有方面，恐怕我们必须“创造”一个——这就是我为什么将科学、技术和医学归并为科技医的缘故。这个缩略词事实上在现在也有某种流行，包括在图书馆人员之间和院系的名称之中，如我所在系的名称是——科技医历史研究中心。

但是这种用法，以及这种历史研究的汇合，都是新的东西。科学史、技术史和医学史常常被分别研究——常常在大学的不同系中，历史学家为科学家、工程师和医生讲课。部分是因为这种分离，传统的历史年代划分各不相同，我们将它们合在一起，这就迫使我们必须对它们的轮廓和特征进行重新思考(Kragh，1987)。与**科学**史通常强调17世纪的科学革命不同，大多数**技术**史围绕着(或开始于)约1750—1850年的工业革命。**医学**史较少有革命性，尽管“科学医学的诞生”常被追溯到约1870年，也有人信奉约1800年“诊所诞生”在法国。本书意在帮助将这些不同的历史集合在一起，允许它们相互说明，这样形成对大多数科技医有效的一种综合。

确实，我的综合延伸到科学、技术和医学的现有定义之外，因为我循着我的认识方式方向前进。因此，在博物学方面我收集了考古遗迹和图片藏品；我的分析处理包括经济学和语言研究，及一小部分社会科学，因为这些与自然科学和医学中的分析相连接；在讨论世界和科技医的意义中，我探讨了围绕科技医的某些哲学和文化争论，以及驱动科学、技术、医学计划的人的价值的层面。科学、技术和医学是本书的重点，但是本书也超越了这个范围。仅当看到科技医之外时，我们才能够看到它的局限性和它的重要性。

解剖科技医的元素

我的第三个关键特征是解剖和分析。正如在上文中力图阐明的，我将科学、技术和医学分解为“元素”并称之为“认识方式”。[2] 我重点关注三种认识方式，三种科技医的理想类型，我称之为**博物志**、**分析**和**实验**，但是我也讨论科技医的一种我称为**技术科学**的形态，并且我探讨了“自然哲学”即**“世界解读”**的历史变种——自然和科技医的**意义**。

前三种是调查自然和人工制品的方式。如上所述，对象或系统可以进行描述和分类(这些活动我归入博物志)；它们也可以被手或仅被脑分成它们的元素(这是分析的核心)；而这些元素可以“重新排列”产生新的有趣的现象(这现在用作我的实验的特征)。我使用**技术科学**这个名词，首先是指在如军事—工业综合体或医学—工业综合体这样的学院—工业—政府综合体中“科学商品”的生产。**世界解读**这个名词，既指对世界的“解码”，又指在那里发现的意义系统。它覆盖了卵的伦理意义、星座中的信息、身体是神的创造物、热力学预言世界末日。除了包含人造世界外，它在某些方面与“自然哲学”一致。

我将在下面展开例子，但是在这里我们能够注意到，这些认识方式是在德国社会学家韦伯(Max Weber)的意义上的“理想类型”。现给出一个韦伯式的例子——“官僚系统”是在政府机构中按照规章组织的极为重要的机构形式；该词也指庞大的机构系统或一些人的工作方式，而机构也包括其他社会类型，如友谊或有魅力的领导。同样，我的认识方式也可以用于描述一个多实验室参与的项目(可能主要是分析项目)，或描述它的特定部分。许多科学项目包含不止一种的认识方式；确实，在我的用法中，分析预设博物学，实验预设其他两者；技术科学项目典型地包括我的所有其他认知方式。通过包括论述世界解读的一章，我强调我们所有的认知物和创造物都有意义和价值系统支持。

我们可以更进一步认为所有这些认识方式都有可能“套叠”。例如，实验者通常使用分析方法，但他们也不得不知道所处理材料的“博物学”。但是注意套叠可以以任何顺序存在:相对复杂的项目可能目标简单。我们可以认为探索月球主要是一个绘制地图或博物学的事情，但是到达月球包括许多分析和实验。基因组学——绘出人类遗传密码和测量其变异——最好描述为分析项目，但是其方法包括了许多实验，而从人类基因库中采集一系列样品会利用对人类变异的博物学研究。通常，科技医项目不会像将标本放入标本柜那样“落入”单个的认识方式中；认识方式则是用于分析项目的**组成部分**及其间的相互关系。如果你喜欢，它们是我的分析的**元素**。

我将表明，每一种认识方式都有其历史，而这些历史各不相同；新的认识方式产生了，但它们很少消失。随着西方社会发展的越来越复杂，认识和改造方式就形成了。这些方式或项目以不同方式相互作用，它们的范围随着时间而变化。原则上，我的所有的范畴可以用于任何时间和任何地方，但是作为历史事实，它们在不同时期和在不同的组合中变得重要。以这样的观点来看，科技医的历史不是一个接一个发生，即一种知识由另一种知识**替代**；而是**复杂的积累**和同时的变化，它们存在竞争，特别是当新的知识形态部分地**取代**旧的知识形态时。

下面，我们将探讨不同的认识方式之间力量关系的历史进程，这里有一个例子可能有助于理解。我将在第四和第五章论证我们可以把19世纪早期看作“分析的时代”，我用它指分析是新的、激动人心的、**占统治地位的**认识方式，这既是我的又是当时人的看法。但是这并不意味着博物学在消亡，或没有人做实验，或在那个时期没有什么可被有效地描述为技术科学。反过来也一样，我们将会看到；在那个时期，如所有其他时期一样，科技医具有多层面。

通过这些初步的评论，现在我们能够研究认识方式(稍后我会将它们与制造方式相联系)；在本章末，我们将看到这些分离的历史怎么可以被放入一种编年模式。但是如果你对“方法”变得厌烦了，就请跳到第二章。

博物志

“**博物志**”，像古典希腊语“historia”一样，包括各种事物，不管它们是人造的还是自然的，“正常的”还是“病理的”。我在博物志中既包括动物、植物和矿物，而且也包括天气等现象、人工制品——古代的和现代的、外来的和工业的。在第二和第三章中，我将讨论近代早期“事实文化”的产生，讨论不同种类的采集、描述、命名和分类的社会史；这里我想强调两点。

第一点，“博物志”(natural history)这个词暗示两个层面的共存——“natural”暗示分类的层面，即自然**排列**(或人工创造物)的**范围**，“history”暗示自然(或人造物)**在时间中**的传记层面。分类学层面很明显——我们将讨论从文艺复兴到现在的分类和展览；“传记的层面”在这个上下文中较不明显，但却重要。病史医学是明显的“传记”例子，在全书中我们将病史医学作为将疾病看作个体生命的错乱的后继传统；而城镇也可以由时间记录，“自然”也同样可以——这里想想18世纪怀特(Gilbert White)的名著《塞尔伯恩博物志》(*The Natural History of Selborne*)——他的通信集记录了他所在的英格兰村庄周围乡村的季节变化。

第二点，我更一般地强调“博物志”和“信息”仍然重要，即使在科学和工业的最专门的领域。制造商和实验者需要知道可用材料的范围及其中常常是细微的区别(Stansfield, 1990)；他们使用许多编目和许多“经验”。我们如今生活在“信息时代”；由于能随时使用的大量“事实”，我们感到激动，甚至感到被其淹没。这种感觉也许可以驱使我们理解1700年前后的分类学者，他们与由探险者和商人带回来的巨大数量的“标本”作斗争。

至少从17世纪开始，博物学成了对“我们拥有的东西”——在资料库中，在公共的或私人的收藏品中，或当我们带着“疾病”到医生那里询问“我得了什么病”时——的研究。以识别、拥有和展示为荣，这常常作为动力——无论是对于文艺复兴时期王子们收藏的“奇物陈列柜”，还是19世纪由帝国建立的大型国家博物馆，或是工业城市曼彻斯特显摆的工匠所收集的苔藓标本。但是，正如我们将要在第三章中探讨的，在我的宽泛意义上的博物学对于贸易和工业曾经很重要,而且现在仍然很重要。

分析

如果说博物学是记录多样性和变化，那么**分析**则是通过解剖寻找秩序。我将论证，当事物可以被看作是“元素”的复合物时，或当过程可以被看作是一种“元素”通过一个系统的“流动”时，分析就发挥作用。分析也可以有许多种，即使是对同样的研究对象。因此，为一定目的，我们可以将岩盐、海盐等简化为如NaCl(氯化钠)分子式；为其他目的，我们可以将它们“还原”为组成成分“单元晶粒”，或把它们看作电气材料来测量导电性，其过程可以用公式表示，例如，某蒸汽机达到其功率输出理论值的50%。

博物学的分科对应于自然事物——如植物或鸟类——的范围，但是每一门**分析科学**由使用某一特定种类的“元素”构成。分析化学将整个世界还原为化学元素，热力学还原为能量，组织学研究具有组织的任何动物的组织。这些“元素”并不明显；从某种意义上说它们在 1750 年以前并不存在。主要在 1800 年前后的几十年，它们被“发现”，且相应的学科被“发明”。

一旦分析改变了我们对事物的理解，它也就可能涉及新的分类和排列类型——比博物学的更“深入”。分析与**比较**工作联系紧密，因为共有元素提供新的比较框架。在第四和第五章中，我们将讨论分析和收集之间的历史联系，以及博物馆、天文台、教学医院、“野外工作站”的专业地位。我将论证 19 世纪早期的科学主要是分析的，这些新科学主要由专业人员(主要是工程师和医生)的教师创立，即使在很大程度上被忽视的分析仍然是现代科学的一个关键方面(我也包括一些部分论述人的科学中那些我觉得是分析的部分，如政治经济学和语言研究)。所有的分析科学曾经而且现今仍然在技术过程的改善和调整过程中发挥着巨大的作用。19 世纪的大多数“科学工作者”是分析者，他们工作在工业、农业和医学的不同领域；这对于 20 世纪可能也一样。(不像经济史学者，科学史家很少收集统计数字；我们很少有这些类目。[3])

实验

如果说分析是分解事物，**实验**则是组合事物。前者确定“已知的”成分，后者将成分组合在一起进行控制以创造新事物(或以新方式出现的旧事物)。

我在这里的用法故意很狭隘。近代早期在“实验志”中收集奇特的和给人印象深刻的事物的工作，我当作博物学的一部分，当作世界分类和世界展示的一部分。无论在化学还是物理学中，在工程还是医学中，“实验测量”常常最好被看作定量分析；像其他种类的分析一样，它对于技术过程的改进至关重要。以我的观点来看，实验建立在分析之上。它是关于“合成”和系统化生产新事物的。在不否认早期范例重要性的前提下，我在第六章中将实验作为主要在 19 世纪中期建制化和理论化的一套工作方法，特别是在重新定向到“研究”的大学中(而不是主要定向于专业人员的教育)。

合成化学是一个重要例子。知道给定化学物质的元素(和结构)的化学家能够超越分析。他们猜想怎样从简单物质制成复杂的化合物；在一些情况下，合成的化合物是完全的新事物。创造了一种实验主义传统的物理学家，系统地探索光和电流等“元素”之间的“反应”。我们可以主张，19 世纪 90 年代后的放射性现象的创造，是反应化学和这种“反应”物理学的即刻延伸。但是我使用最多且在其上建立这种实验主义理解的例子，既不是取自化学也不是取自物理学，而是取自 19 世纪后期科学的第三大领域——生理学。贝尔纳(Claude Bernard)在其 1865 年出版的著作《实验医学研究导论》(*Introduction to the Study of Experimental Medicine*)中使用他自己对动物功能的研究来表明医学中的实验的潜力。该书引入或至少是定义了“对照实验”，它为其后数代科学家所熟悉——人们重复除一个关键变量外其他都不变的实验，用以确定该变量确实是产生所研究问题的结果的原因。

当实验者在实验室里的新产品能够开发为工业商品时，**技术科学**的综合体就被创造并利用了。

技术科学

技术科学意指制造知识的方法，这些制造方法也是制造商品的方法，或制造如国家制造的武器等准商品的方法。由于近几个世纪以来，许多政府已经聘用和支持了“自然哲学家”、医生、工程师甚至占星术士，技术科学就成了一个“持久的”种类，这个词可以用于许多社会，并且可以以不同方式与我们其他的认识方式相关联。当国家支持、商业目的与探险和资源调查联系在一起时，比如在国家的大型探险中，认为它们是一种**博物志**作为主要认识方式的技术科学可能有益。同样，与分析的相互联系有时足够紧密，我们可称之为**分析的**技术科学，例如，在大革命时期的法国和19世纪早期的英国工业城市。尽管政府支持对博物学很重要，并对许多分析学科的形成至关重要，但是我将论证，政府、学者、商业公司的兴趣在19世纪中期，至少是在其中的和平时期，彼此间还是有很大的差别。技术科学对于政府、大多数大学的工作方向、大多数工业企业来说还是很不重要的。

我将论证，正是在大约1870年以后，我们开始看到了这三者的兴趣之间的更具创造性的、强烈的、自我求存的协同作用。当然，起初这些技术科学网络很小；它们包括博物学和分析，但是，重要的是，也包括通过实验和发明相互作用而系统地生产新事物。我们可以把技术科学的这种形式描述为**综合的**，这种形式我认为对20世纪的科技医越来越重要。有两种最初的网络系统仍然重要——一种围绕新出现的电气工业，另一种围绕染料和医药公司。政府成了这些科学商品的消费者，并在有些情况下作为生产者，但是也作为指导者，特别是在标准化方面。国内的电气系统和国家间的电气系统，依赖统一的度量和单位；新的“生物学的”疗法的应用也一样，如抗毒素和牛痘。这些产品在战争中和公共健康方面被证明有市场和有用之后，企业、大学和政府在产品的进一步开发和增强“创新系统”方面就都有了兴趣。

技术科学**企业**的成长是20世纪的一个主要特征，它们从自己的研究实验室**及**学术和政府研究机构网络中生产新的商品。但是我的“技术科学”一词，也包含由政府机构，甚至由政府资助的学术团体资助和指导的高技术工程。像美国太空望远镜工程和由在日内瓦的欧洲核子研究中心(Conseil européen pour la recherché nucléaire，简称CERN)主持的高能加速器这样的工程，可以说涉及在广泛意义上的政府需要的“商品”；它们当然需要大学、工业界和政府的紧密联系。对于所有这样的系统，试图从技术中分离出科学，似乎不如承认它们特有的、动态的联系更有益。它们都包括多种博物学、分析和实验，以及许多种制造业；它们也包括庞大的组织，现正主导着学术界和工业界。

世界解读(即解释学)

相反，“世界解读”则是人类与生俱来的。对自然和科技医的各种理解将在第二章探讨，有时我称这种解码工作为**解释学**——这个词曾经意指解释宗教文本的技术，但也可以更广泛地用于解读“意义”，无论是文本、人造物还是自然中的意义。这样的解码产物和解码框架，我们可以叫作“自然哲学”——如果我们将通常的意义扩展到包括对人的创造物和创造性(包括科技医的结构和过程)的思考的话。当然，这些问题不容易说清楚，尤其是在一本书开始处。为讨论它们，我借用科学和宗教的解释、科学和文学的解释。我也使用归类为哲学的工作，并利用某些科学和医学的“政治”史，但是并没有任何现有的历史能够覆盖我将集中讨论的全部内容。

我将从自然的世界开始。从文艺复兴时期的典雅世界开始，自然世界指被解读成的符号系统。我们看一看学者们怎么质询文本，解码自然界的成分，以及利用这些线索通过“自然巫术”来改造自然界。从这个自然意义的世界，我转到有更多清教徒的北部来看对自然(部分的)某种“祛魅”(disenchantment)。在这里，文化是航海者和商人的、都市市场和咖啡屋的、乡村贵族区和教会的。这是上帝为男人和女人创造的一个世界，男人和女人也创造并作为个体面对上帝，并不需要通过中间人、主教或神授君主。我们将探讨积累和农业改进的文化，它们是博物学和“实验”的背景。我们也将看到分析怎样与航海和调查相联系，并证明分析成为新的机械论和规律的“宇宙论”的基础。

那里确立的“世界解读”大多与**秩序**和**永恒的真理**相关，但是本书却大多与**科学和做**(science and doing)相关。对于科技医的这个方面，其形成期是在法国、英国和德国的1800年前后几十年。我们可以说在那里形成了构成我们现代世界许多内容的三种角色——即**专业技术人员**(新类型的工程师和医生)、**实业家**和**研究者**(Ben-David, 1971)。当然，这样的主张需要大量的限定和解释，所以现在暂不讨论，到后面再讨论。但是这样的简化可能有助于我们集中关注自19世纪以后，科技医的新的“意义”及其与旧的意义的相互作用。例如，我在大革命后的巴黎的职业学校中描述的分析科学可以用于“专家统治”，它另外也叫技术专家统治，现在巴黎还仍然这样。我们对工业的态度——对合理化生产的效率以及对发明家和工业科学家创造性的有限度的欢迎，但是也有对人的机械化和日常生活的“商业化”的担心——可以追溯到英国的工业革命。第三种角色——大学教授——不管物理学教授还是研究古代语言的教授，都是根源于约1800年的德国大学改革。教授们仍然生活在我们的公共世界，尽管我们现在有时好奇是谁支付他们薪金。

但是，正如近代早期的科技医没有神学就无法讨论一样，近代时期的科技医也需要注意到更广的文化框架——特别要注意哲学、文学、历史学以及神学对人类生活的“解读”。1800年前后的时期，除自然科学教授外还产生了哲学教授和文学教授。更重要的是产生了第四种角色——**有创造力的、个体的、“浪漫”的艺术家和作家**，他们传授在自然界和人类历史中发现意义的新方式。浪漫主义也是第二章讨论内容的一部分。像获取意义的其他方式一样，也像其他的认识方式一样，艺术家的角色原则上可以理解为是干预世界的一种方式。

认识方式作为工作方式

科技医历史的第四个特征是“工作”。我已力图不仅将认识方式看作精神操作，而且也看作**工作**方式——例如，分析化学物质或病理标本的工作，加上它们特定的地点、要求、程序和产物。在这方面，我的方法与最近的很多科技医的历史研究相一致，这些你可以在专业期刊中找到，但是却不在大部分即使是最近写就的普通科学史中。这些“调查”常注重理论和观念，如“进化”、“能量”；且/或注重专门学科，如天文学、化学的历史，而不注重可能跨(并有助于构成)许多学科的实践形式。

通过集中于科学工作，我希望能够使科技医的历史更接近社会、经济史，希望有助于对任何特定时间**同时存在的**各种科学工作种类的研究。例如，我们原则上可以问，在19世纪后期伦敦和波士顿有多少“分析者”在大学和工业界工作，或者整个19世纪博物学的劳动力如何增长。这样的历史将是定量的，像某些工业史的研究；更一般地，它们将会与同时性和相互依赖性有关——不光与新事物和新前沿有关(Edgerton，1999)。尽管多半这样的历史属于将来，但是现在用这样的观点思考，在深化我们对变化的理解方面确实有用。

科学的变化包含**工作模式的变化**，不仅仅是观念的变化，因此科技医**制度**是本书的一个重要部分。例如，法国大革命后巴黎“临床检查和病理解剖”的出现，远不止是医学中一次理论的转变；它涉及职业和教育结构、医院管理、医生工作常规方法中重大的变化。如果没有所发生的政治变化，这就不可能实现，并且如果那些变化不同，则实践的医学目标也会**不同**。同样，作为一种常规实践和社会制度的物理学实验，它的兴起有许多不同的先决条件，包括系统的高等教育、分析的概念和实践、实验系统建造和使用的工作场所和实验室，再加上想成为实验者的人投身这些创造物而不是如商品分析的需要所需的时间和金钱。

正是在探索知识和实践、科学和技术的历史联系过程中，我开始考虑三种**制造**的理想类型，我把它们叫作**手工制作**、**合理化生产**和**系统发明**。首先，通过知识生产和制造的类比，我把它们当作解释我的认识方式的一种手段。例如，我们可以使用这三种“类型”的制造以取代而不是可替换的观点来重建制造史:1800 年前后的工业革命可以看作是基于生产的合理化和机械化，同时承认手工制作继续发挥重要作用(Braverman，1974)；我认为，系统发明在 19 世纪末变得重要，那时创立的工业研究实验室就为了此目的。我的**制造**方式与我的**认识**方式以同样的方式发挥作用，并且它们也同样“套叠”。

我觉得，制造的理想类型似乎可以作为有用的工具用于技术史——不仅用于制造史，而且能用于农业、医学和军事。手工制作、合理化生产和系统发明不但可以是制造的方式，也可以是护理、改善和防卫的方式，甚至是杀戮的方式——想一想养宠物母鸡、大规模笼养鸡、遗传工程产生的家禽新品种；或者想一想决斗、挖战壕打仗、导弹(以及它们所有可能的共存和相互作用!)。但是我逐渐发现，这些认识方式和制造方式之间的联系远不止是相似。

我现在将论证，存在密切的、系统的联系，认清它们有助于澄清许多有关科学、技术关系的常见问题。不难看到，合理化生产依赖于对手工制作工作的“分析”，与将化学物质解构为元素的分析相似，合理化生产主要包括，将手工活动解构，然后重构为机器。关于我的

"实验主义"的观点，可能我已经说得差不多了，大家可以看到它与"发明"的紧密联系：两者都从元素创造出新事物——实验常用于启迪，发明常用于获利。确实，实验和发明，像分析和合理化一样可以看作一枚硬币的两面。手工制造和博物学又如何呢？——这种结合历史学家讨论得并不太多。

主张所有的博物学都需要手工制作是老生常谈，尽管强调所有的认识方式都需要手工制作并**不**老套(Polanyi,1958)，并且几个近来的科学社会学家已经强调隐含的知识和技能的作用，甚至在数学中(Collins，1992)。如果注意到大部分近代早期(以及许多近代后期)的技术如农业、纺织、医学，都需要大量矿物、植物、动物及手工技术方面的特殊知识，就特别会更受启发。尽管这些典型的联盟被研究工业技术的历史学家所掩蔽，它们还是在更新的"科学革命"的阐述中出现了。例如，我们注意到多数博物馆既包括上帝的作品，也包括人类的作品。我将论证，手工制作产品通常被看作与动物、植物很相似的准种。想一想布的**地方**变种——"粗斜纹棉布"中的"蓝色粗斜纹棉布"曾是"尼姆蓝"(Bleu de Nîmes)，即法国南部的尼姆附近出产的一种布，它具有当地的独特特征。或者想一想如"波尔多"、"香槟"葡萄酒，及它们依赖(及有助于生产葡萄酒的葡萄生长)地区和季节的方式。民居或传统种类的铲表现出很相似的模式，与布和葡萄酒一样具有独特的缺陷和"疾病"，这些我们将在第三和第四章中探讨。

因此，在很简略地概括认识和制造的关系后，我们可以把"扩展的博物学"和手工制造都看作物质文化——包括人和自然的创造物——的方面；它们与生活的"物质性"有关——搜集和制造，拥有和展示。分析和合理化既用于"深入"分类和诊断，也用于精炼和调节技术过程，特别是在医学、农业和工业中。实验和发明是与寻求新事物和创造模型世界有关的方面；它们可以通过制造“知识商品”的技术科学网络商业化或供政府使用。

我开始时关于认识方式和制造方式的这些观点本身就是一种新事业。在这点上读者可能感到陌生；确实，我自己觉得这个历史工程才刚开始。但是我希望能因此开辟出新路子，科学、技术和医学的历史能够以新的、有丰产的方式结合起来。

本书的任务

如果将四个特征——范围宽广、博物志、分析、认识方式和工作方式——合在一起，我们就开始看到了本书的计划——将科技医表述为在最近几个世纪的经济、政治、文化史中的一系列不断变化的工程。通过分析科技医，我们可以证明其构成成分为什么是那些更宽广历史的组成部分，因而是构成我们各种各样遗产的一部分。

如果还包括除西方外的其他传统，就完美了，但是这我只能留给别人来完成。我集中关注近三百年的欧洲和北美洲，特别是英国和法国，但是即使在这个框架内，内容也很不均衡，并且过于集中在英语世界。我知道像这么多的科技医历史一样，我在军事科技医上的论述相对很少。我省略了很多我能够包括的内容，因为本书只是导论而非全面的探讨，但是即使这样，我还是冒险进入了许多我的专门研究领域之外的领域，毫无疑问我会犯错误。本书是探索性的和临时性的——引进一种方法，并通过袭用、重新整理和有时修正历史学家同行的著作来对它进行检验。如果收到订正和建议，我会很高兴。

在许多地方我用了地方史，甚至传记。我常常用巴黎和曼彻斯特举例，因为这两个地方我最熟悉。这两个城市在革命年代(法国大革命和英国工业革命)的重要性很明显；因此，我相信比较史的优势也将会很明显；但是集中在这两个城市，我还有另一个原因。通过在同样的地方选取不同时间和不同主题的例子，我希望能给读者一些科技医发展的“地方联系”的印象。确实，我愿意认为，读者将会受到鼓励去思考他们熟悉并关心的城市和国家的那种联系。我喜欢地方史；我写了一部非常概括的书，部分是想促进这样的研究。

源于同样的原因，我有时使用个人的例子——鼓励对科技医现在如何向我们每一个人“上演”进行历史的反思，以及表明学院科学史家的工作自身怎么可以历史地理解。最后一章在时间和空间上毫无顾虑地是地方的。甚至不像本书的其他部分，它利用英国的材料，并且明显来自 2000 年前后的科技医的公共政治。我被告知这很快会过时，我也常常同意。但是即使在过时时，它仍然可以用作历史如何可以被应用及为什么被创造的例子。我非常希望该项研究的 20 世纪后期的部分能够构筑成历史的重建和反思之间的一道更好的桥梁；但是即使这样，似乎也值得将这种联系明白表达，以期增加全书的可用性（如果不是连贯性的话）。

在这里，也许会适合详细指出本书对哪些读者有用。我想象三类有重叠的读者群：

1. 历史学者、其他社会和思想变迁分析家；

2. 科学家、工程师、医生，以及其他所有由于职业原因关注专业知识和专业技术的增加和使用的读者；

3. 普通读者——也许是我们所有人中的普通读者——想更好地了解现实世界中专业知识的作用的市民和消费者，病人和政治家，思变的商人和环境保护人士。

要同时满足所有这些读者群的需要不容易，因此请自便跳过下面三节中你最不感兴趣的那些部分。如果你从没听说过我将讨论的那些历史学家，或者你并不想专业地关注科技医，不用担心——本书不要求这些知识，可跳到“对于普通公众”一节，并略过正文中所有括号中的参考文献。

对于历史学者

对于历史学者，特别是科技医史的研究者和学生，我希望本书能作为一个工具包和一幅新地图。本书利用了最新的、在这些学者群体中获得了好评的研究，毫无疑问它将经受“适用性”的检验。我愿意认为它将丰富他们中的最好的研究，通过对照和对比——像斜射光——增强他们。像所有(分析和)综合著作一样，它依赖于诸多学者的工作。科技医的历史，从20世纪60年代开始以不同的面貌在大学中繁荣起来，特别是在美国和英国；正是由于那种革新的(及大学的)学术成就，本书才成为可能，我所利用的一些记录在本书参考文献中。但是这里并不宜于对近期的工作作详细的分析，[4] 现在只介绍一些提供了智力食粮和灵感的现已去世或退休很久了的作者：福柯(Michel Foucault)、库恩(Thomas Kuhn)、芒福德(Lewis Mumford)、科林伍德(R. G. Collingwood)、特姆金(Owsei Temkin)、韦伯——重要人物几乎都是或者有代表性地具有很不相同的方式并很少定位于同样的读者。我将我找到的最有用的著作列入参考文献。[5]这里，我将就如何使用这些作者的著作给出一些注释。

福柯是医学史家和文化史家中的重要人物，库恩是物理科学社会学家和历史学家中的重要人物。我主要是使用福柯对“知识考古学”的分析，他对不同的“知识”(或认识方式)的探讨，他将不同的知识描述为是现代世界每一时期的根本的东西。库恩最为著名的是他的“范式”概念——过程和结果的模型特定，任何领域的科学家可以依照而获得(及确认)正确结果；[6] 追寻范式构成“常规”科学；科学

“革命”由范式的打破而引起。这些概念很有用，特别是1800年前后，但是在本书中较少利用库恩的《科学革命的结构》(*The Structure of Scientific Revolutions*，1962年)一书，而更多地利用他的一篇文章(Kuhn，1977)。在该文中，库恩力图勾画出从物理学到生物学、从17世纪到19世纪的科技医的历史。他在那里对经验和数学传统的区分是我区分博物学和分析的基础之一。

但是不管是福柯还是库恩，对技术都说得不太多；这里我喜欢的“更老”的作者是芒福德，他是生物学家和城镇规划人员格迪斯(Patrick Geddes)的追随者，是两次世界大战之间发展起来的技术批判史的代表，技术批判史从最精明的19世纪技术(及曼彻斯特)史家马克思(Karl Marx)处吸取灵感。也是在两次世界大战之间，出现了医学史的现代传统，也由特姆金代表——首先在德国发展，20世纪30年代移植到美国，50年代在一定程度上融入实证主义，但是60年代以寻求考量医学、文化和社会之间的关系的新一代面貌重新出现。正是特姆金的同时代流亡者阿克尔克内希特(Erwin Ackerknecht)，在历史中引入了四种“类型”的医学——书本医学、临床医学、医院医学和实验室医学(Ackerknecht，1967)，其后由朱森(Jewson 1974；1976)发展和推广。这些更一般地用作我的科学和技术的历史分析的出发点。

我得益于科林伍德和韦伯的地方更远、更模糊。对于科林伍德，用他的历史作为解释的传统，此种传统在两次世界大战期间的英国几乎只有他一人代表；他对巫术、手工制作和工艺的讨论，对我来说，比起它们当前处于不重要地位所隐示的似乎要有用得多；利用童年时候阅读科尼斯顿(Lake Coniston)所著的古代科学书籍，他从中学到了科学像其他人类活动一样由时间形成。对于韦伯，尽管是间接地，我将本书的主要方法归功于他——使用“理想类型”。我使用理想类型的“认识方式”与韦伯使用“官僚机构”作为一种权力类型——更是作为一种认识方式和一种工作方式——的方式一样。在这里，致谢可能使人觉得奇怪:这种方法广泛存在，并非源自韦伯，我也并没有仔细研读他的著作。但是对于所涉领域和观点清晰，他是一个典范；而我们需要这些品质作为我们的目标，不管隔得多远。(Weber，1949)

通过运用韦伯的方法，我已设法创立认识(及制造)的类型，使其可以应用于整个科技医以探索同时发生工作模式。我将论证，我们可以以不同认识方式的相对重要性来描述时期的特征，我也将努力解释时期**之间**的变化。但是我也要强调各种认识方式的“长期”历史；科学中的革命变化可能**取代**以前的认识方式，但是它们不能全部替代。在不同的时期、地区和学科之间，我的方法是分析的和比较的——找出共同的元素，揭示它们怎么发展，怎么以不同的方式排列和构造。在本章末尾，我将简单勾勒出我觉得是源于这种分析方法的科技医的历史轮廓，表明通常“时期”如何被描述，我们怎么可以在“新近占优势的”认识方式中追寻接续的模式。但是对于本书非常重要的是，科学、技术和医学**是而且一直是**比大部分人所了解的要**多元**得多；在任何时候都有许多不同的认识方式和制造方式。

这种多元性也适用于**历史的**研究，包括过去的历史和现在的历史。有许多种研究历史的方式，因为它们服务于许多目的和许多读者。(可能有许多方式使用我的类型来产生不同于我这里表述的历史轮廓。)但是，专业的历史研究，像科技医的各种构成成分一样，有自己的规则——不是“怎样都行”，不是所有比较都有意义，不是所有对过去的观点都能经受得住历史学家使用的证据的检验，与所有的理论和发明都要承受分析、试验和应用的检验一样。批判的多元论

（而不是相对主义）与我对科技医的论述及对其历史的这种实践非常重要。我希望本书能对许多学科的历史学家在他们批判地发展自己的研究方法的过程中发挥作用。

对于科学、技术和医学工作者

对于科技医工作者，我希望提供一种反思和行动的辅助工具——这种工具使他们在一个更大的历史和当代框架中定位自己的关注点和问题，它也能够包括如他们从经验、轶事、报道和历史著作中了解的其他“案例”。

例如，设想我们问一个生物学家，他能从现在可以得到的关于达尔文（Darwin）或拉马克（Lamarck）及他约形成于1800年的进化论的优秀传记研究中学到什么（Browne，1995；Corsi，1988；Desmond and Moore，1992；Jodanova，1984）。好的历史学家已经不再把这样的人物仅仅看作关于动物进化的思辨和理论的一种设想的连续历史的“贡献者”。他们强调环境，及那些科学问题在“它们的时代”的存在方式。但是有多少生物学家或普通读者能够利用这些论述构建自己也身在其中的科学史呢？科学家仍然被教导将科学看作积累起来的真理，并以此来衡量过去的科学家。尽管传记澄清了科学和“时代”的特殊联系，但是这些联系对于许多读者还将仍然是不寻常的。在这里，我的部分目的是作出**许多**联系，给出各时期的一般特征，将社会史、政治史与当时“显性的”和“隐性的”认识方式联系起来，以便特定的发展能够“定位”为类型和“定位”在一种普遍的历史视野中。通过使用一种简单的类型及提出科技医历史的一个新的概略模型，我希望创造出一个易于理解的框架，其中“案例”、生活、制度和学科——在它们所有的丰富内容方面——能够更容易地相互联系和与更宽的历史相联系。这种方法简单，但我希望它不受拘束。任何单个“案例”都可以无限地精致化。我不希望减少历史的复杂性，只是提供在各种规模上——从鸟瞰到特写——能够应用的地图和绘图的方法。

这些框架也能够用于历史的还不是过去的那部分——用于分析我们自己的时代。在我们现在，不同**种类**的科学工作如何相互联系以及如何与其他种类的工作相联系？我们怎么认识分析者的角色或“信息收集者”的角色？各种科学和技术需要什么种类的智力的和实践的基础结构？新的认识方式随着新技术而出现吗？谈论“科学方法”有意义吗？当研究者将自己称作“科学家”的时候，得到或失去了什么？(现在，效果会有些像办公人员开始称他们为官僚并组织国内和国际的学会以促进官僚制度的发展吗?)我特别希望本书能够引起有时被描述为“应用”科学的医生、工程师和其他人的兴趣。

在本书中，“应用科学”这个概念将仅作为行动者的一个概念而出现——一个我们正在研究的人所使用的概念。虽然我承认，许多人使用了它并按照其含义工作，我认为有更好的方式来分析这些值得关注的东西。我怀疑在英国甚至可能其他地方，临床研究和工程研究在上个世纪由于不得不按照一个并不适合**他们**通常的研究类型的科学模式运作而受到了阻碍。医生和工程师通常着重在分析研究而不是“实验室”实验，但是如果资助经费的委员会将科学等同于实验室科学，特别是等同于狭义的实验，那么“更接近实践”的研究就可能会受到忽视。我们可以期待一种更宽广的“科学”观，它可能有助于促成一种更加多样化的研究文化。

对于普通公众

从20世纪80年代以来，英国的科学组织已经很关心“公众理解科学”；大多数的相应活动可以适当地描述为代表科学家立场的公共关系(PR)。但是即使对科学PR人员，已经很清楚，不能将公众看作是或多或少充满科学的容器；更加有效和尊重的看法是，将我们的市民同伴看作是具有各种资源和局限、按照他们自己的计划行动的人。这是我将在本书中展开的主题。如果本书能够增加人们将深奥的知识和技术产品与他们希望主导的生活(既是个人的又是集体的)联系起来的能力，我就认为成功了。

我希望增强科技医历史的公共效用，将它作为达到这些私人目标和公共目标的工具——支持市民，不管他们是作为科技医的“消费者”还是“资助者”，即捐款给研究慈善机构，或纳税资助大学及其他政府资助的研究的角色。当然这两类角色有联系，但是从分析的目的值得把它们区分开来，很重要的是因为将市民仅仅看作是“消费者”(不仅是市场商品的“消费者”，而且是政府服务甚至是政策的“消费者”)的这种趋势在增长。这里，回忆一位国家美术馆馆长当被问到入馆费用时，他非常令人吃惊地回答：“公众免费进入是因为这些绘画为他们所有。”

既然我们都是科技医的“资助者”，我们就需要集中注意力于我们作为个体和通过公共的政治机器所能获得的选择。要这样做，我们需要估量科技医的多元性，估量强调某些方面而不是其他方面的可能情况，估量与科技医相关的公共政策的可能效力。一般地说，我们需要使科技医的这些意义成为我们的个体的和集体的政治观点的一部分。

历史通过既提供工具又提供框架能够有助于这种事业。我已经介绍了我的工具——我的认识方式和我的制作方式；我用勾画这个框架来结束这个相当长的导论。我的主要章节的每一章专论一种特殊的认识方式的历史，如博物学或实验主义；本书只有在章内才是按“年代”论述的，所以在这里，我概述我使用这种分析方式产生的总的历史，扩充在本章早些时候给出的略述。这种快速讲述用作预备基础。这对消化可能显得太浓缩，特别是如果你对这门学科还感到陌生，但是当你在通读本书时，这作为参照可能会有用。

历史概览

本书内容，至少在前面章节，从16世纪的文艺复兴开始。我将论述，最好将那时的天文学看作一门分析科学，从希腊人那里继承，并由数学家从事；那时的博物学是大学亚里士多德(Aristotle)传统的一部分，但是常常隶属于一种将世界看成一个有目的的有机体的自然哲学。更普遍地，特别是在称为新柏拉图主义的传统里，世界被解读为好像是一本书——充满隐藏意义的一本书——一部戏剧；例如，怪物的出生是凶兆。

第二次世界大战之后写就的科学史常常把“17世纪的科学革命”描述为近代科学的**起源**——描述为我们的机械宇宙论和“科学方法”的诞生。本书却多元得多——它论述许多时候的许多竞争的发展，论述许多方法。在我的论述中，依照库恩，[7] 17世纪出现两种复杂的相互关联的转变——对自然的（部分）“祛魅”和数理科学的（部分）重建。

特别是在17世纪新教徒的宇宙论中，上帝和人类同样**远离**自然。上帝创造了世界，就与它没有关系了；人类研究上帝的创作——研究它的丰富内容和规则，不再研究它特殊的启示。博物学的研究获得了一种独立于哲学的新地位；人类的手工创造物可以用作上帝创造的自然的模型；自然像人类的创造物一样，可以有用地被实验操作质询。我对17世纪的论述，像荷兰和英国近期的研究一样，重要的部分包括医学和手工制作、目录和处方、探索和采集的平常世界(Jardine, 1999)。

这样的论述，常将曾经是最为“革命的”东西——从哥白尼(Copernicus)到牛顿(Newton)的发展——边缘化。这些我首先描述为经典的分析科学的修正，经典的分析科学中著名的是天文学——它与当时新的分析力学结合，形成《原理》(*Principia*)一书的伟大综合。这些发展根本上是数学的，超出了大多数受过教育的男人和女人的理解范围，甚至也超出了那些促成博物学和寻找新的“实验”现象的专家或医学毕业生的理解范围。但是，它们却与这些专家的、自然哲学的、更普遍和更容易理解的转变有关联：粗略地说，希腊的世界作为有机体被世界作为机器部分地取代。这种新模型正好投分析的胃口；专家们试图以机械的观点来理解化学反应、动物和社会，但是只取得了有限的成功。

因此，18世纪的知识可以被视为是部分分析的——或多或少还原为数学和力学的“精确科学”，加上设想自然界的其他部分如何**可以**被“机械化”的思辨的自然哲学。但是一般说来，对自然界的论述实际上是博物学的——既是分类的又是“历史的”。博物学家、医生、专家和古物鉴赏家描述他们的环境、拥有物、疾病，并在地方编年史中按时间顺序记载。18世纪是分类——不仅作为工具，而且作为所有知识的模型——的伟大时代。确实，正是部分地因为寻找更深入的分类方法，才导致出现了18世纪末以后的新的分析科学。

我将论述这些新的分析成就很大程度上归功于专业教师进入国家博物馆、教学医院和工程学校，特别是在法国。在这样的专业环境中、在英国的工业城市和在改革后的以“研究”为导向的德国大学中，新的分析学科创立了。它们对于技术实践的优化非常重要；这就是在一个不断增长的工业世界中它们发明和繁荣的主要原因。

然后我探讨19世纪中期前后系统实验的创造——紧接着分析，但是起初不是在专业培训机构或博物馆中。实验是有关制造和展示新世界的，它在一定程度上远离专业实践。它在如伦敦的皇家协会这样的更具展示性的场所中制度化，它在具有“研究”意识的大学中，特别是在德国，系统地建立。我将论述，这样的实验主义常被描述为为适应工业，与教育为“改造世界”一样。约从同样的时间开始，它的更加世俗的孪生兄弟——系统发明——在美国和德国被开拓了。它们被共同开发为(工业的、综合的)技术科学。

在本书中，20世纪主要呈现为是19世纪的模式的发展，特别是技术科学的相互作用的扩散。我讨论工业—大学—政府综合体，它产生了电工学、电子学和信息学，导致了药学工业的增长。我概述某些战时发展，并研究第二次世界大战后政府支持的科技医的增长，包括军事—工业复合体和医学—工业复合体。最后，我指出20世纪后期技术科学动力的转变——从国家力量转向商业。

在本书最后一章，我试图使用我的历史分析来思考2000年前后科技医的动力学和问题。主要利用英国的材料，我探讨科学的商业化和相关的“公众理解”的问题。我力图利用我的类型和历史来澄清科技医的当前政策，并对科技医的**意义**、“自然”的**意义**和我们的创造物的**意义**发问。因此在本书的末尾，我们将回到现在要开始的第二章中的问题——世界的解读。

第二章　世界解读：自然的意义和科学的意义

本章主要是历史地评述西方理解“自然”和“科学”的方式，但是我从强调现在这样的理解的**范围**开始。涉及理解“我们自身”的两个故事，可以引入这些主题。

一位德国历史学家，基于一位乡村医生留下的病案记录，出版了一本论述 18 世纪医学的奇妙的书。她表明液体——血、奶、汗、尿——的流动怎么充满该医生和其病人的意象。她评论道，这与我们的时代多么不同，在我们的时代，病人到医生那里讨论心肌梗死的可能性(Duden，1991)。哦，这大概是发生在曼哈顿！但是在我出生的地方，人们仍然会疼痛和紧张、虚弱和“拉稀”，即使他们知道某些病理学。[1]

我以前的一位同事是中医和中医史专家。由于大学规定，学生的论文和测验需要“二次评分”，而我们又没有其他的中医专家，于是我就成了第二次评分者。学生对中医的论述可想而知很丰富，但是他们对西医的论述使我不安，他们将西医或显或隐地作为映衬或对照点。中国人被允许担心平衡和失调；**我们**却被要求以现代医学科学的病理学来思考，并且作为合格的笛卡儿主义者，我们被要求将心与身分离。有时，我怀疑，即使在约2000年，对于普通的西方病人，中国方式的描述是否也比基于“科学医学”的说明更正确。[2]

这些例子并非不常见。当历史学家、人类学家检视“其他的文化”时，他们必然依赖作者和读者共有的一种对“家乡”文化的或显或隐的理解——而对“我们的文化”的说明常常极其简单，比对“其他的文化”的说明粗略单一得多。我觉得这是个严重的问题。部分原因来自这样的感觉，仅仅因为生活于其中——在某种意义上，我们确实了解——所以我们就了解自己的文化；但是如果我们不小心，当明确地进行比较时，那种不言而喻的理解的丰富性就可能丧失。然后我们可能采用设计的西方的“自我形象”来与其他文化(其他民族、其他时代)**对立**，而不是促进友好的比较。我们可能将西方病人的自我理解等同于比如(某些)职业医疗保健工作者的工作方法，而忘记了在任何一家现代医院中都存在的巨量的**多种**理解。本书的目的之一，就是要帮助理解那种多样性。这就是我为什么引入理想类型方法以揭示不同的认识方式及其历史、联系的原因。我们可以通过检查和剖析我们自身的、日常的、共有的知识而推进我们对这种方法的探讨。医学在这里与在其他地方一样，作为科技医其他方面的一个很好的模型。

现代西医中的多样性

就此你可以做一个练习：简略记下你可能想象到的有关喉咙痛的一些原因。然后扩大范围，加入医生、科学家或医药公司可能认为的原因。

喉咙痛，可能是由于说得太多，可能是由于昨晚去了一家有人吸烟的咖啡屋，或者是回家的路上受冻。也可能是来自你母亲家族的遗传。也许你总是在每年这个时候喉咙痛。毫无疑问，如果当心，保暖，吃柠檬、甘油，或喝苏格兰威士忌酒，你会在几天后痊愈。但是假设没有像预期地那样痊愈，你可能就会担心家族中有更严重的遗传疾病，或担心你没能注意预警信号。你可能会觉得这种较长时间的痛苦是对你行为的判决，或者是对你生活中某些更深层问题的反映。可能你需要调整自己，或许找医生会有用。即使是在西方社会中，这也越来越清楚，并不是所有与健康相关的专门知识都归入医学。

或者你可以看私人医生？ 他或她会告诉你什么病在流行，你可能得了什么传染病，其可能的后果。但是医生也可能做拭子实验，并将样本送到当地医院的实验室去；确定你的喉咙痛是否是由于链球菌感染。如果是，或者有任何可能是，就会给你开抗生素处方，以从当地药剂师处购买抗生素。（如果所得传染病罕见或严重，医生就会把资料送到公共卫生部门。）该药剂师与卖给你柠檬和甘油的人可能是同一人。确实，药店陈列着治疗喉咙痛的全系列药物商品，但是在幕后还有另一系列仅凭医生处方才能买到的"处方"药。你禁不住会想，喉咙痛对药剂师和药品生产者有怎样的好处，但是你也会对使你好转的决定因素好奇，你将它归因于抗生素的发现。它们来自哪里？

在城外，有一个属于医药公司的大型实验室。他们仍在研究新的抗生素，特别是因为细菌对旧的抗生素越来越具有抗药性。他们合成新的化学药物，并用凝胶盘上的细菌做实验，或者使用实验动物——"役畜"——接种，使人类免于最初的实验。如果新的抗生素效果好，临床实验就会进行，通常在一个教学医院中由专家医生主持，他们与大学医学科学系联系密切。大学教授寻求能够发表文章和获得学术荣誉的发现；医生可以获得新的疗法。医药公司经理希望获得利润，为达此目的将雇用一支销售力量在医学新闻界，并通过到医院和普通医生诊疗室造访和“推销”来销售此药物。

在我们的复杂社会中，喉咙痛具有许多意义：罪行的判决或标志，一种病症或一种炎症，一种可能的公共灾害，一种细菌的产物，一种已在实验动物身上模拟和研究过的过程，与这些一种或多种理解相应的药品制造商的一次机会。假如我们寻问这种复杂理解的历史，通常我们会被告知“科学的”历史，大致如下。

法国化学家巴斯德(Louis Pasteur)在19世纪60年代论证，发酵和腐败(被认为与“发烧”相似)是由简单的微观植物——就称之为微生物——引起。到了19世纪90年代，这些微生物可在明胶培养基上“培养”，因而可被鉴定并稳定地繁殖。通过培养取自动物的微生物并将其导入其他动物体内，表明几种重要的传染病“源自”特定种类的微生物。微生物如果“在体外”，就能被杀菌剂杀死，但是杀菌剂也伤害躯体自有的组织，因此医学科学家寻找能够杀死体内细菌的“魔弹”。医药公司进行了大量投资，到20世纪30年代终于找到了能够治愈败血病等病的药剂。

人们也发现，某些真菌能够抑制培养基里的细菌。在第二次世界大战期间，牛津的一组研究者继续研究其中的一种真菌并证明从中能够提取出一种稳定的药剂(青霉素)，当把它注入受常见细菌感染的人体内，会非常有效。医药公司(首先在美国)找到了大量生产青霉素的方法，并且投资寻找具有相似特性的其他真菌。到20世纪50年代末，几种这样的药剂已普遍应用，并且所有细菌感染的常见疾病(包括肺结核)都能被治愈。但是到了20世纪末，人们已经清楚，细菌不会这样容易被击败；能够抵抗大多数抗生素的新菌系出现了。疾病便被看作微生物和人的适应能力之间的某种“平衡”。

但是为什么给出的历史仅仅是针对“科学的医学”；难道其他观点没有历史，或者至少，是分布地区吗？对于意义的历史，对于作为一个形式类别或“自然类别”的“喉咙痛”，和在国家之间可能不一样的东西(如在欧洲国家之间，肝的意义不一样)的历史，我们能说些什么呢？大多数文化知道怎么解读疾病的“意义”，许多文化具有将疾病作为“事物”的治疗方式，在具有自己特殊的形态和寿命方面与动植物类似。具有吸引力的看法是，认为这些理解形式对于我们比较不重要，因为它们非常广泛地存在，或者因为它们也是其他历史的组成部分，因而与西方历史联系较不紧密。但是，这可能正好与事实相反。

本书的很多内容将是论述这些更简单的理解的历史：论述很普遍的意义上的**博物学**，和论述意义。博物学——作为我们所有更复杂的“自然主义的”认识形式基础的描述技术和分类技术——将是下一章的主题。本章的其余部分主要是论述“**对世界的解读**”，即解释学(Ferraris，1996)，论述在其他时代和地方，附着于“疾病”和“自然”以及也附着于“科学”过程的意义。

意义和解读

大多数文化具有符号的理解。这是医学社会学和医学人类学中的老生常谈，我们的文化也毫不例外。人们问“为什么是我？”“为什么是这种喉咙痛？”这些符号的理解包含对疾病作为**信息载体**的“解读”，它们含有解码，好像疾病是文本，它们还包含疾病是“充满意义的”宇宙的一部分这种假定(Cornwell，1984；Helman，1986)。我指出，我们文化的这些方面并没有任何原创性，但是原创性并不是学术的唯一目的，某些平常之事值得重复甚至强调，因为它们常被标准的论述“遗漏”。特别是在科学和技术史中，我们需要记住将“事物”理解为事物**不是**我们个人生活和集体生活的基准通货。这样的“自然主义的”理解是文化的很重要的方面，它们在西方文化中已经极其精致化，特别是到19世纪和20世纪；但是，本质上，我们生活在一个“动因”(agents)、意义和情感，以及(面对面、远距离及想象的)交流的世界。

在这个有目的的行动和意义的世界中，我们可以包括非人类的事物，有时是以我们现在归入寓言的或隐喻的而非“真实的”方式；我们可以对树木说话，或者学会信赖攀爬用的爬绳。如果要求解释这样的“交心”，我们现在可以借助于大众心理学。对树木说话我们会找这样的理由：这是集中我们自己的而不是树的精神的一种方式。或者，当我们以现代西方知识模式运作时，我们中的有些人出于某些原因会这样。但是这种模式来自哪里？**我们**具有心灵的身体和树木仅有木材这种区别源自何处？为什么喉咙痛的“意义”是朋友或专科医生的事情而不是普通医生的事情？这些区别都具有历史渊源。

如现今在有关生、死或动物权利(及卵)的争论中清楚地看到的一样，个人和文化在“活动者”和“纯物体”之间勾画的界限并不相同。但是无论何时，将西方的“自然主义”和非西方的“符号理解”**对立**，我们就已经迈错了步，引入了一种在思想和伦理上都无所助益的基本的不对称。因为即使当我们在处理西方文化中最“现代”的方面时，“解读”和解释学也必然会走到前台。另外，我们怎么理解现代商品文化及其广告？公共关系公司雇用人类学家毫不偶然；如果巫术是意义的技术，即增加或减少信心的技术(Collingwood，1938持有的观点)，那么广告人、公关商和“公关顾问”不是它主要的当代实践者吗？[3]

这就是我们现在的世界，但是它来自数个世纪的一系列不同的世界。本章的范围从文艺复兴到当代，从神学环境到政治环境，从医生的文化角色到诗人的文化角色。它意在作为后面更详细章节的“背景”，并作为将技术发展置于更宽广的环境中的一种方式。它也是最后一章的预备内容，在最后一章，我将讨论我们时代的科技医的意义。因此，有些读者可能希望在读最后一章之前回到本章。

我们转（入）讨论文艺复兴时期的巫师吧！

文艺复兴时期的宇宙论

在文艺复兴时期欧洲的某些文化世界中，将意义加进人们周围的环境很常见。世界就是充满意义的创造物；植物通过颜色和设计能治疗眼痛就宣告了这个事实。但是某些信息却是隐藏着的，需要专门知识才能破解其中秘密。世界的（短期）历史记载在书中，特别是《圣经》中；从阿拉伯语或拉丁语或古希腊语书籍中，你能够复原后世佚失了的对世界的记述。要解读这些书，解读自然，你需要语言技能和解码技能（Debus, 1978；Pumphrey，Rossi and Slawinski，1991）。

为进入这个精神世界，想象在一个正表演戏剧的舞台上醒来，你会怎么样。你能搞清楚正在发生着什么及它都意味着什么吗？显然，你可以按照戏剧情节的发展尽力弄清情节的意义。你可以研究布景和“道具”，探求它们的用途和意义。或者，你也许能够找到与该剧对应的一本书，并因而发现关于作者及其作品更多的内容；也许你甚至可能通过仪式或祈祷找到与作者进行交流的方法。这些实际上就是炼丹术或占星术的方法——精致的解释程序或计算，使用古代书籍，宗教仪式和圣餐仪式。通过这样的比较，我们就能够试着将文艺复兴时期的世界观理解成一部戏剧。值得反思且具有讽刺意味的是，我们能够利用自己的部分经验来找出一个(已失去的?)充满线索和意义的世界的意义。

要理解如此世界中的疾病，除自然之外你还需要考虑“作用者”(agency)。这是一个秘密的个人政治和谦恭的怀疑的世界。因此，如果问医生有关疾病的事情或打猎的最好日子，他可能把注意力放在无根据的宇宙力的关联或者放在恶意的作用者的图谋上面——不管是邪恶的人还是生物，这些作用者中的任何一个都可能扰乱你的体液，或者在你体内植入疾病的种子。面对不幸的宇宙关联，占星家可能会预先警告你；为免于受到恶意作用者的损害，你可以祈祷、奉上祭品、采取预防措施。即使在“先进的西方”，这样的思维也还没有消亡，但是自17世纪之后，接受过较高程度教育的人并不看重它。在17世纪，“巫术”和占星术的声誉急剧下降，原因我们将在下面讨论。

现在复原文艺复兴时期的世界，与紧随第二次世界大战之后的时候相比更容易。在历史、哲学、社会科学中的“文学转向”，已经使很多读者大众熟悉了在20世纪60年代可能显得是局限于部分人的、遥远的观点。现在我们在读著作时非常清醒，有些人还被教导去“读”仪式和社会的相互作用，好像人类学家那样。我们拒绝比“原始心灵”高等，我们尽力友好地理解由各种文化，以及我们自己的文化，读入自然的不同意义。实际上，在社会研究的某些部分，包括部分对科学的研究，解释学持有得如此牢固，以致我们易于感觉到相反的历史问题——人们怎么能够“逃离”解释学？怎么会停止书写对人有意义的一小部分自然，开始直接书写超越文本的对象(前提是假定存在大家可共享的一种语言)(Schneider，1993)？

因而我们可以重新提出有关“科学革命”的重要问题。文艺复兴世界的**一部分**怎么被“**祛**魅”？它们怎么被“剥掉意义”，以至于植物和疾病、行星和卵能够(有时)是**纯**自然的——以至于它们可以用没有任何文化实践和历史渊源痕迹的“平白的日常语言”来描述？或者，也许以一种通用的语言，这种语言能完美地传送要处理的物体和现象的特征。或者，以认识方式和历史取代的术语提同样的问题：一种类型的博物学怎么被创造或怎么被重新创造，在其中“自然物体”能够被构建且没有符号意义，以至于有时，出于某些目的，我们可以把它们仅看作纯粹的事物？这样取代的结果，解释学的认识方式会发生什么变化呢？在这种包含新的博物学的写作形式中，意义处于什么地位呢？

在下面的几节，我沿着其中一些问题，从文艺复兴到现在。我必然专注于文化精英，他们对意义王国与自然主义理解王国，即“文化”与“自然”之间界限的争论，但是我力图使用“对疾病的理解”将精英文化和日常生活联系起来。在这里我再一次强调，我们仍然都熟悉附魅的世界——许多群体仍然生活在上帝的力量控制着的世界中，或者生活在媒体和商业返魅的“后现代世界”中。

祛魅?

法国“思想考古学家”福柯在《事物的秩序》(*The Order of Things*, 1970 年)一书中令人惊奇地描绘了符号世界，我在将世界作为“剧场”的讨论中略微提到了它。他的重点是在**语言**上；在文艺复兴时期，词语和事物具有同样的地位。事物就是文本，被赋予了意义；词语被赋予了魔力，自身充满历史与神秘性。福柯的观点很有力，已产生了巨大的影响，但是，当然，文艺复兴时期和 17 世纪的专家学者必然坚持，无论是文艺复兴还是其他时期，都不能按照主导范式被充分刻画。也许我们作为概括者可以折中，将(福柯的)“知识”或(库恩的)范式一个**接**一个的替代模型转变成**共存**模型，其中范式相互**并行**，具有不同的历史和处于不同的政治关系之中。因而主导形态变得不那么主导；曾经是隐性的或从属的可以成为主导的。粗略地说，这就是我们对政治变化的解释，对我来说，甚至是对思想史，这个模型是很有用的。我们不再必须在延长连续性或锐化革命性之间进行选择。

福柯的论述重点主要在学者们称作“新柏拉图主义”的那些文艺复兴时期的理解。回溯柏拉图(Plato)的哲学家，强调符号性和植入到世界中的意义，其中某些人还谈论“世界灵魂”；他们这样做既威胁到天主教教会，又威胁到北欧新出现的新教教会。但是这么一说，我们就引入了一种知识政治学，我们就开始从“思想考古学”转移到更复杂的社会和政治史——这是许多历史学家会坚持的一种转移，特别是我们有望提供意识形态重建过程的**解释**。

更进一步我们可以注意到，新柏拉图主义不是很流行，即便我们的注意力仅限于文化精英而忽略整个人口的绝大部分。亚里士多德传统对于天主教教会和大学要重要得多，其中许多是宗教的基础。这些传统并不是关于自然中的神秘意义；相反，它们由中世纪的神学家仔细建构，将犹太教和基督教共有的上帝插入来自亚里士多德著作的复杂的自然哲学之中。另外，亚里士多德传统中有很多我们可以当作“博物学”的东西，也有很多我们可以看作是分析知识的东西，特别是复杂的托勒密(Ptolemy)天文学，其中行星表面的不规则运动被揭示为不同圆周运动的复合运动。

然而，即便当我们认识到这种文化的多元性，认识到这些博物学传统和分析传统的独特性，认识到它与后来的博物学和分析的连续性，我们也能够认识到，所有文艺复兴时期的这些传统都强调重新发现的书籍和古代知识，认识到分类和因果解释(按照后来的标准)**隶属于**将世界视为单个的、有序的、充满意义的一个系统的观点(Foucault，1970)。以知识系统“套叠”的观点来看，我们可以说解释学的认识方式通常是主导性的。我们在第三章将会看到，博物学常常被解读成为自然哲学做准备，分析的天文计算是占星的解释学实践的一部分。如果我们以医学为例，文艺复兴时期的医学实践依靠对古代书籍的解读，而解剖用于说明这些书籍，主要用于展示身体结构的目的性——“部件的用途”。身体具有意义，意义主要由高超的语言技巧揭示。当一柜柜的珍奇物由文艺复兴时期的王子、医生和学者收集起来时，自然界的标本就与古物和人工制品——如珍品、奇物、象征物，或者如果你愿意，如“风俗画”——并列。珍奇物常被谈论(Findlen，1994)。解释学是最普遍的认识自然的方式，其他的可以套叠于其中。人类通过解读自己在一个充满意义的宇宙中的地位来理解自身。

因此，以取代模型的观点来看，许多历史学家喜爱的“世界的祛魅”成了改变不同的认识方式之间的界限和关系的某种东西。正如我们在本章和下一章将看到的，某些17世纪的“亚文化”，也许尤其是在新教国家，开始将首要位置给与了博物学——给与描述而不是意义。我们将探讨这种取代的某些原因和结果，但是现在可以注意到，它不是仅仅产生一个新的“自然界”；它也必然产生新类型的文学。如比喻——**假装**自然界具有意义——这样的修辞方式只有在“已祛魅的”世界中才有可能；只有达到“自然界”已祛魅的程度，自然界才能被语言**重新附魅**。

文学史家、基督教护教者刘易斯(C. S. Lewis)将16世纪的世界解读描述为“强烈感受到像人一样的生活、跳舞、仪式、节日，而不是一部机器”，在这种世界解读中，“几乎是字面意义的‘怀孕的大地’被‘挤压’而产生疝痛”［莎士比亚(Shakespeare)的《亨利四世》(Henry Ⅳ)］。然后，刘易斯写道，“具有新力量的人变得像弥达斯*(Midas)一样富有，但是现在他触摸到的所有东西都成了冷漠的、死的。这个过程——缓慢地起着作用——导致了在下一个世纪中古老的神话想象的丧失：自负，及后来的人格化的抽象，取代了它的位置”(Lewis, 1954：6)。在这样的观点看来，意义从“自然的东西”中分离了出来，文本解读从世界解读中分离了出来。

多数历史学家会同意，在这里我们看到了新的边界，它对后来的西方文化产生了重要影响。但是如果我们可以把这样的转变看成是**取**代而不是**替**代，我们就能够留出更多的空间给多元论和围绕自然界限和解释界限持久的争论与分歧。有两个这样的分歧在这里显得特别重要。其中一个刘易斯在他提出浪漫主义于1800年前后的数十年间力图医治我们称作弥达斯效应的病症时，间接提到了。在本章将结束的时候，我们会回到这个对立与分歧，来看一看如诗人华兹华斯(William Wordsworth)这样的浪漫主义者那时怎么将伦理意义重新注入自然界——一种对后来(不管是宗教的还是世俗的)文化极其重要的重新注入。另一个分歧当然与神学有关。直到20世纪，上帝对于西方的思想文化仍然非常重要，而神学是自然和人之间关系的争论的主要载体。17世纪的那些欢迎印刷术和火药等新发明的作者，在自然界祛魅之后找到了神学的一种新基础，一种**神也是制造者**的“自然神学”。这仍然是英美人反思17世纪以来的科学的重要传统，它并回响在我们自己的整个时代，[4]即使是对世俗论者或无宗教信仰者也是

---

* 希腊传说中贪心的国王。——译者

如此。

自然神学和自然疾病

正是部分地由于彰显上帝作为自由创造者，他才从自己的创造物中解放出来。上帝和人之间的中介——天使、圣徒和魔鬼——由新教神学家作为对旧教会攻击的一部分被剥掉了，“人”于是独自面对他的创造者，这作为宣称“所有信奉者都是教众”的宗教政策的一部分。所有合格的新教徒都被认为能够独自解释《圣经》；正如《圣经》现在任何人都可以阅读一样，“自然之书”也一样对所有人开放。这样，通过研究上帝的创造物，自然就成为展示上帝品质的一种方式，而宗教就成为研究博物学和自然哲学的一种主要原因。相反，在持续的天主教传统中，生活的意义更可能寄住于教会权威、牧师和坚定的圣徒。在第三和第四章中，我们会遇到一些新的“博物学者”，我们将详细讨论，这种新的世界观适合新教教区牧师服务的贵族、商人和工匠的某些原因。

这部分地是某种博物学的东西。他们都对买卖**东西**有兴趣，而这些兴趣有助于物品收集和资料收集，这不但有时直接就有用，而且也有助于赞美人类的财富**和**上帝的创造。博物学属于物质文化的一部分，但也是精神文化的一部分；而且既然，它涉及等级，它也就加强了社会的金字塔。例如，在1660年英国君主制复辟之后的时期，分类学的等级成为博物学和整个纹章学发展过程中的一个共同的主题。

通过包括技术，“博物学”也可以展现**人的创造性**。对现实生活，也对宗教和哲学，这既具有实用意义，也具有文化意义。在强调人的创新物特别是印刷和火药工艺中，伊丽莎白时代的律师培根(Francis Bacon)使已经意识到的人既是认识者又是创造者之间的关系有了新的转机。对于培根及其追随者而言，**人既然能创造就知道**；人的力量既是真实知识的证据又是其结果（Pérez-Ramos，1988；Rossi，1957；1970）。这是提升“日常生活”的地位和提升地位比古代和中世纪学者低的工匠地位的教导。这对清教徒有极大的吸引力，他们喜欢在日常生活而不是特殊仪式中歌颂上帝。正如泰勒（Charles Taylor）很好地论述的，现代人全部的文化技能许多可以追溯到这两个出现——人作为认识者观注自身，从外部观察自然；以及日常生活的超升（Taylor，1989）。

但是建立和支持这些新的哲学的男人（有时女人），对我们所称的“分析秩序”也感兴趣——在天文学和力学中的“分析秩序”，在世界规律中的“分析秩序”。这种兴趣又一次既是现实的又是文化的。分析的知识和实践对于航海与调查很重要——对于掌握时间及空间的分割很重要，但是它们也有助于提供独立于教会传统的社会秩序的合法性；世界是有规律的，规律是可以被掌握的，它们植根于上帝。对于如数学家和哲学家笛卡儿（René Descartes）这样的17世纪的近代人来说，人类掌握运动中的自然界的元素的能力，这本身就是神的一种安排。他和其他“机械论者”在人类的创造物特别是在时钟中发现了上帝创造的模型（Mayr，1986）；它们异常精致的机制不需要求助于其制造者就能够被理解，但是它们的**存在**（并且还可能它们的形式和种类）却不然。对于“去掉灵魂的”自然界也一样：它需要并反映它的创造者。在这个层次上，它召回了秩序的神性。

正如托马斯（Keith Thomas）所论证的，在神学和形而上学中的这些转变，是巫术和占星术地位下降的部分原因，因巫术和占星术任何一个都不适合于新教的宇宙论，在这种宇宙论中，人直接面对一个全能的神（Thomas，1971）。上帝不受制于似乎是占星术要求的方式，新教徒的人类关于面对上帝的世界解读几乎没有给“精灵”留下空间。那么，这对道德责任和非“精灵”的疾病的原因意味着什么呢?

影响有两个方面。一方面，健康和疾病是能够被博物学者研究的且具有自然规律。另一方面，上帝**能够**直接干预；所以喉咙痛是一种自然状态，但也可能是神的惩罚，流行病可能是上帝对他的子民虔诚性的审判。这种世界观的**私人的**形式在17世纪以后的许多虔诚的新教徒的日记中非常明显——他们强烈关注身体的养生法和心灵的精神健康。这样的态度常常在较低阶层中受到鼓励，特别是在政治不稳定时期。在英国和美国，它们是“自我完善”的一个主要根源，“自我完善”是由19世纪的工人和20世纪的实证思想家促进的。

“神的惩罚”的**公共**角色在18和19世纪的神学中引起诸多争议。“无神论者”或“自然神论者”强调自然的机械性和物质性，因而将上帝从中剔除出去，或将其缩小到只是一个原初的始因——这可以充分使他们自己的活动受到尊重，但是，却太封闭以致不能满足神职人员的目的。然而，这些不光是学术争论，它们也影响着普通生活。因此，例如，关于健康和疾病的思想变化可以表明哲学分歧的影响，也可以有助于我们对它们的解释。历史学家麦克唐纳(Michael Macdonald)提供了一个很好的个案研究，在这个个案中，他表明在18世纪英国早期，负责地方“法律和秩序”的地方官逐渐丢弃了自杀是一种极恶的罪过的传统；他们将自杀行为当精神错乱对待，将精神病归为身体疾病而不是受魔鬼控制，而给予其亲属以同情。医生们乐于赞同，并因之取得权威，但是压力似乎来自厌倦了导致英国内战的激烈的宗教论争的外行。他们继续怀疑是宗教热情使社会不安，并无需担心地将“神附体产生的狂喜”(enthusiasm，意指“神入”)不是当作神圣控制，而是当作一种令人遗憾的失去平衡来对待(Macdonald，1990；1981）。

启蒙运动哲学家们主张奇迹的可能性；自然神论者和“自由主义的”新教徒选择反对。当乔治王时代英国的“优等阶层”建立了慈善医院时，尽管他们包括教士团体，但他们的重点还是放在医生和病人的康复上。(在这里没有临死时看着十字架祈祷，而我们将在第五章看到法国天主教救济院中还是这样)(Risse,1999)。法国人可能给出理由反对教会，但是英国人看到和谐。例如，卫生符合人性的规律，符合社会法律，也符合上帝的法律。对于启蒙运动人员，冷漠的神签订了理性秩序，既在牛顿爵士对他的同胞所阐明的天空中，又在奥斯汀(Jane Austen)的小说仍然可以唤起记忆的会议厅周围的大街上。但是即使在那时，新教派基督徒也是寻求个人的得救，而不是神的秩序，并且在民众的灾难中看到上帝的发怒。那种趋势在1789年后加快并变得更有影响，当时欧洲所有的统治者被法国大革命搅得不安，英国的统治者担心工人阶级的新觉醒。

革命、尊崇性和进化

法国大革命后，在面对新兴工业城市的不安中，神学变得僵硬了。正如自然神学被征来保卫上帝一样，个人责任和地狱之火被召来保持道德秩序(Ward,1972)。例如，在1832年，在政治改革的漩涡中，英国圣公会宣布，新出现的恐怖的霍乱流行病是神对不信仰宗教的一次惩罚，尽管“自由主义的”神学家仍然喜欢强调公共场所的污染或其他的“自然原因”(Morris, 1976)。

英国的物理“科学家”忙于自己的分析，他们求助于上帝主要是将他作为宇宙的因，但是动物和植物对它们的环境(及它们的环境对它们)的“适应性”对于**博物学**仍然非常重要:上帝是“伟大的园丁”，他在物种最适应的地方创造出它们。只有政治极端主义者可能放弃生命复杂性的这种解释，而后不得不使用拉马克的理论（Lamarckian theories），而拉马克的理论受到主流生物学家的轻视，这我们在第五章将会看到（Desmond，1989）。这就是为什么达尔文的《物种起源》（*The Origin of Species*， 1859 年）引起众多争议的原因；他的通过自然选择进化的学说对有机体的多样性和适应性给出了一个科学上值得称道的解释，却没有求助于一个创造者。对于信奉自然神学的许多人来说，达尔文似乎使生命失去了意义；既然人本身可能是进化的产物，达尔文就威胁了人作为按照上帝的形象创造的具有道德的存在物的特殊地位。已经有人令人信服地论证了，达尔文在他的观点形成之后约 2 0 年才出书，是因为他极其担心自己的观点可能在公众中造成的影响（Desmond and Moore，1992）。

但是到 19 世纪后期，当革命的威胁在英国已经减弱、中产阶级感觉更安全时，公众的神学逐渐弱化，在不同的宗教团体之间、在宗教团体与新职业化的科学之间，达成了更多的包容。在传染病流行时期，主教们可能代表上帝说话，但是政府机构将个人疾病和共有疾病首先当作一种科学而不是意义的东西来医治。公共教育在新的国立小学中、在新的大学和技术院校中已经与宗教团体无关，甚至与宗教完全无关。形式化的祈祷和《圣经》解读是对孩子的强行要求，但是更年长的学生越来越被允许将公共学习与他们私人的宗教归属（或没有归属）分离。尽管大多数科学家和医生是基督徒，但是少数科学教育者如赫胥黎（T. H. Huxley）、丁铎尔（John Tyndall）宣称自己是不可知论者，并为保证科学组织独立于信仰组织发展而斗争。他们利用达尔文学说，认为它是宗教必须容纳的科学；利用新的电学和细菌学知识，将它们作为科学对人类福利作出贡献的证据。

在公共讨论中的相似的转变也发生在美国，特别是在19世纪60年代早期的内战之后。新的、与宗教无关的学术制度（常常源于德国）和一种新的、对“专业性”的信仰可能有助于维系一个分裂的国家，并团结一个具有宗教分歧的民族。科学是高深的学问，但是它也实用并有益于经济发展。

一般地说，在西方，这些新的理论和技术被认为是基督教国家进步的标志，但是它们必然会重新调整信仰和公共道德。例如，19世纪70年代，当法国和德国科学家将细菌引入世界时，这搅乱了南丁格尔（Nightingale）女士和公共卫生运动的领袖。这些微生物似乎是非常随机地侵袭人类。当清洁意味着健康、不干净意味着疾病时，卫生科学就教导了道德准则；但是这些教导很大地削弱了，现在**任何人**都有被细菌侵袭的危险——当19世纪后期的医学科学家设法远离更古老的公共卫生的做法时，当倡议更多的国家科学和更多的科学教育的团体建立他们与宗教无关的权威时，常常显得确实是这样（MacLeod，1996；Turner，1980）。

科学、进步和国家

直到19世纪末，“科学”似乎是“文明”的一种动力。对于某些（新传统的）基督徒来说，通过自然选择的进化已经成为神的意旨的替代物。前沿的观点将进化和人类历史看作是进步的——看作是创造的逐步展开，通过更好地理解生物学和经济学有助于这种展开。这种方法能够通过对“道德”的博物学的研究，特别是通过对儿童“道德行为”的研究，进一步阐明。正如流行病的研究提供如何通过改善公共卫生最大限度地减少传染病一样，心理学的研究将能够揭示人的状况，并提供和平地、有建设性地共存的更好方式。行为可以通过新的分析科学，如心理学、骨相学、社会学，得到理解和指导(Smith，1997)。1900 年前后，育儿是很多科学的研究对象，许多白人“先进分子”求助新的“遗传学”和“优生学”，希望通过更好地养育来改良他们(人类的一部分)的种族(Kevles，1985)。

这样的观点在整个欧洲很普遍，即使是在经历过神学、政治和科技医很不相同关系的国家中。在天主教的法国，自然神学一直比在英国和美国不重要得多；常见的敌对出现在教会的传统权威与学校教师和知识分子先进的、世俗的、可能是共和的文化之间。进化并入进步的历史观；分析科学是许多科学家喜爱的专家统治政治的基础，专家统治政治在 1870 年德国占领后部分实现，那个时候法国企求在技术上赶上她更强大的邻国(Fox and Weisz，1980；Geison，1984)。

直到 19 世纪末，电学和医学的新技术是法国进步的物质标志，尽管法国的医学泰斗巴斯德完全不适合作榜样。他是虔诚的天主教徒，对科学唯物主义的怀疑激发他做实验，表明发酵(及疾病)是由于“生命”而不是化学物质。但是，他也是一个狂热的民族主义者和科学有用论的信奉者。他的工作——对葡萄酒、啤酒、植物、动物和人类疾病的研究——所支持的农业和工业技术，对法国实现现代化和成为帝国极为重要。他的实验使对疾病的斗争看到前途；免疫法的成功确认了这种潜力，并使他成为民族英雄。在法国乡村诊所，驱赶魔鬼的符咒现在能够防范细菌了(Latour，1987a；Salomon-Bayet，1986)。

许多德国人是新教徒，但是从 18 世纪后期开始，成为大学文化一部分的“批判哲学”使多数德国知识分子免于受到英国和美国的信奉者承受的精神苦恼。是“文化”而不是创造者上帝才是社会秩序的第一保证，德国科学家从哲学家康德(Immanuel Kant)处学到了怎样将科学知识的范畴从宗教信仰的问题中分离开来——它们是不同的认识方式；一个与原因相关，一个与目的和价值相关。确实，世纪中期的某些极端主义者通过宣称（分析的）生物化学是理解心灵的可信方法，政治能够成为医学的一部分，试图以此将科学唯物主义引入进步政治学，但是19世纪后期的科技医普遍变得更加保守。科学的工业、科学的医学和科学的军事与帝国密切相联。

新兴的工业就是这种情况，皇帝支持这些工业，即使教授们对之冷淡；科赫（Robert Koch）的新细菌学也是如此，它与军事密切相联——与早期的、在政治上是自由主义的、基于英国模式的“公共健康”显著不同（Evans，1987；Johnson，1990；McClelland，1980）。这种大陆的新细菌学与排污和营养不相关；它关注特殊的疾病，对其传染进行技术上的控制和调节。它是一种分析性的、官僚的普鲁士科学，但是仍然作为我们考虑公共卫生时所有技术的一部分。举一个最近的例子，在英国流行艾滋病的早些年里，有人建议将某些病人强行隔离，而历史学家们被动员起来讨论历史上的先例（Evans，1987）。

一般地说，到20世纪初，欧洲和美国的科技医日益与在工业的、帝国的竞争世界中国家效率的动力相联系。从某种程度上说，1914年至1918年间的工业化战争的恐怖经历正是这种现代化驱动的悲惨例子。相似的论点可能已用于斯大林（Stalin）时代的苏联，1933年以后德国是专家统治效率与原始的政治结合的国家社会主义政府。如我们将在最后一章看到的，在20世纪60年代，美国科学的批评者将政府支持的科技医看作与军事工业联合体和医学工业联合体密切相联，他们认为这些联合体与设想的作为美国特征的自由主义政治和自由市场背道而驰。确实，在整个20世纪，或多或少，专家统治国家的威胁是科技医的公众意义的一部分。但是直到20世纪末，新的科技医和全球资本的不断扩大的联合才似乎是最大的问题。

现代主义者的人性

很普遍的是，20 世纪的科学越呈现为提供新的技术、医疗和保护，越被等同于"现代化"，它与"传统的"社会和伦理的联系就越松弛。20 世纪早期的现代主义者主张"科学自然的"生活方式，遵照生物学规律生活，沐浴阳光，性开放(Porter，2000)。从某种程度上说，他们自然化了卫生原则(及现代化的、无尘的建筑物)，这可以在山上的结核病休养地看到。这样"先进的"生活**可能**是宗教的；从他们贴近自然的方面看可能是"浪漫的"；但是，其指导原则似乎是通过理性的方式实现人的能力。

回顾一下，20 世纪 50 年代似乎是我们共同相信技术科学和科技医能力的高峰，相信它们能更广泛地保护我们免受危险、稳定地提高"生活水平"。我们之中那些在英国国家医疗保健机构环境下成长的人，喝橘子汁、吃鱼肝油，如果还是虚弱，就会被送到镇里面的学校门诊部，在那里有一盏旋转的"紫外"灯给黑房间消毒。在第二次世界大战之后 25 年的时间中，抗生素和免疫似乎能够控制感染，核能可以提供清洁的能源，"发展"和避孕能够提升第三世界。因为某些疾病可以被抗生素控制，细菌就是这些疾病的一个且唯一的"原因"；曾经让卫生学者烦恼的其他预处理显得较不重要了，因为治疗办法就在手边。对于年轻的一代，急性病和药物变得更少是"生活的"，更少是某种道德甚或生活方式的东西(Bud，1993；1998)。仅仅是老年人出现的慢性病，才与生活相关；对于其他人，疾病可以被征服，进步似乎是确定的——除了核战争的威胁。

到 2000 年我们这样的希望已较小，但是医学的理性进步仍然是我们共同文化的一部分。虽然承认新的传染病与生活方式有关，我们的大众文化也不再将疾病视为是上帝的给予。尽管各种“基要主义者”将艾滋病解读为违背道德的**可预见的**结果（南丁格尔女士大概会同意），公共卫生组织看到的却是一种**不可预见的**传染病，在西方，它折磨的人群是非典型的，但不是“异常的”，也不是“非道德的”。根据这样的说明，疾病是一种危险，但却不是一部道德剧(Berridge,2000)。

然而，这些历史复杂并且一直在变化。例如，在 20 世纪 50 年代，人们可能会说同性恋是一种可以治愈的疾病；对于 20 世纪 70 年代的极端反文化主义者来说，同性恋是一种应该被表达的人性；也许到现在，同性恋是明智的人可以在他们自己和别人身上看到的一堆倾向，它们既不**需要**压抑也不**需要**表达。但是人们也可以说，所有那些态度在整个 20 世纪后半叶都不同程度地发生作用。我们可以追溯这些态度的提倡者之间的冲突，并考虑依据正式政见而达成“力量平衡”的方式，以及这些态度在不同国家和地区之间怎样不同。

但是在这样做时，我们必须认识到，我们不是仅有的历史学家；我们研究的人也在历史中看待他们自己。他们将自己作为先进分子，或作为经受了不断攻击的传统的看守人；他们利用正式的和非正式的历史来构建他们自身和他们的活动。不光是“自然法则”在决定合适的答案时成问题，即使我们将注意力集中在对自然界的解释上面，现代的科技医也不是唯一的权威解释。现在，对身体和环境而言，什么是“自然的”的观念常常植根于**对正统科技医的反动**；它们可能是与普及了的科学的创造物同等程度的大众浪漫精神的创造物。(Berridge，1996；Shilts，1987)。

当无神论者在 19 世纪后期和 20 世纪初期抛弃上帝时，有一些人认为人的科学将能充分指导行为和政治。但是这只是稀有的看法，因为那时和现在一样，人的自然主义的说明并不是严格宗教仅有的替代物(Lepenies，1985)；人的状况和人的意义可以通过文化，通过解释学的哲学和文学世界，通过将“自然”作为灵感而不是知识的一种源泉来探索。为探讨这类意义，我们通过又回到1800年、回到对分析科学的反动来结束本章。

自然和文化

19世纪的一些小说家将自己看作博物学家，看作人性的分析者，甚至实验者，但其他的维多利亚传统似乎更多地与“科学”矛盾。例如，在阿诺德(Matthew Arnold)的《文化与无政府状态》(*Culture and Anarchy*)中，我们看到了对“两种文化”(two cultures)的一种熟悉的表述：告诉你怎么做世俗之事的科学(Sciences)和通过其你发现要做什么及为什么的人文学科(humanities)之间的对立(Williams，1958)。这种对立源于德国，它是许多唯心主义派别的特征，它对我们的思想世界仍然是极其重要的。但是重要的是要注意到，这种对立过去和现在都主要是“方法”而不是所处理的主题的对立。自然和人类历史都能读出事实与规律，**或者**读出情感与价值；或者，实际上是通过这些方法的不同组合来读，这些方法广泛存在于整个20世纪的西方文化中。

从大范围看，这种对立是浪漫主义运动的结果，浪漫主义运动是反抗18世纪理性主义的一系列复杂的运动，该理性主义将人描绘成像博物学家排列植物一样增长知识，或者描绘成将复杂现象还原成简单原理的一部分析机器。正是在1800年前后数十年中，“分析”的成功导致反抗“解剖”和还原现象的运动——尽管新类型的“分析”，特别是形态学，可以认为是反还原的(Cunningham and Jardine，1990)。浪漫主义运动确实是复杂的，在其预设的人与自然的关系中存在一个关键特征，泰勒将其表述为“自然现象具有的意义不再由自然界本身的秩序或它们体现的**理念**来定义。它是通过自然现象对我们的作用，在它们唤起的反应中来定义。人与自然之间的密切关系现在不是以客观的理性秩序，而是以自然在我们身上引起共鸣的方式为中介”(Taylor，1989：299)。

举一个广为人知的有影响的例子：在英国浪漫主义者华兹华斯的哲理诗中，充满着感受自然是道德教师的观念。外部自然引起心灵的共鸣，心灵是我们出生时就具有的本性，是我们凝视山峰和植物的本性，即是说人们亲近自然的生活能够培养人的道德自我(Gill，1989)。在19世纪后期，艺术评论家、画家和业余地质学家罗斯金(John Ruskin)发展了这些同样的感受，并将它们用于尖锐地批判资本主义的丑恶。在一定程度上，他们的感受是促进一种“博物学”的有力的呼唤，而且这些感受仍然是自然主义者和自然资源保护者的一种主要动机——从华兹华斯和罗斯金的家乡英国的湖区，到美国的国家公园，到现在的全球自然旅游(Gould，1988；MacKenzie，1988)。但是华兹华斯(及罗斯金)与还原分析——“我们残杀以进行解剖”——划清了界限，并且那种态度也回响在我们的时代。

我们可以在19世纪中期以来对科学的某些女性主义批评中清楚地看到这种东西，最明显的是在约1870年于英国特别是在女性中首先兴起的反对活体解剖运动中(French，1975)。我们将在第五章看到，19世纪科学的某些门类从它们关心统一性和发展而不是分析成组成部分方面来看，可以称为是浪漫主义的。持久的围绕女性主义和科学的争论提出了关于“另一种”形式的科学的可行性和能产性、关于会是“更尊重”有机体作为整体的生物学方法的问题(Harding，1991；Harding and O’Barr，1987；Keller，1983)；这相同的取向也明显地表现在论述研究自然的“整体论”方法的流行文献中，这些方法受到“生态学者”和“还原论”医学批评者的喜爱(Bramwell，1989；Worster，1994)。在所有这些复杂的、政治的争论背后，我们看到自然作为分类和分析的对象以及自然作为整体和有意义之间的对立；我们看到界线正在移动并且模糊，处于不停的争论之中。有时博物学的认识与分析的方法相对立，有时，在强调分类与秩序的那些人与强调意义和个体的那些人之间，“博物学”本身也有争论。

而这种情况也同样出现于人类历史——它是博物学(甚或一个分析领域)的扩展，或者它是被用于寻求上帝的意志或规律，或者它是被视为“从内部”理解其他时代的一种方法吗？ 在什么程度上这些目标能够相容？ 这些问题对19世纪科学和学术的构成非常重要；它们对于我们仍然重要(Bowler，1989b；Levine，1986；Mandelbaum，1971；Outhwaite，1975)。

在这里，历史当然包括科技医的历史，及能够用解释学方法“阅读”的文本，这些文本包括过去的和现在的“科学家”的论文和著作。**如果**这些主要为构建意义而阅读，那么它们就成为某种解释学的历史的一部分。在这样的方式下，科技医所呈现的“自然”就成为一种反映，它不仅是对上帝或**事物**如何真正存在的反映，而且是对写就这些著作的研究者的反映，以及对塑造他们的文化的反映。小时候在罗斯金的图书馆阅读过“老”科学书籍的柯林伍德发现，历史可以被认为先于自然“构建”。近来的科技医的历史遵循这种观点，以期发现所有知识如何在时间长河中的意义系统内被创造。因此在这里我们回到了本章开头的主题；实际上，这里是我在本书中论述西方文化的地方。我使用历史的分析重建在科技医的过去和现在的许多“项目”和“理解”；历史成为我们反思自然和科学的一部分。

随着这圈论述的完成，我们现在将重点转到构成近代科技医的认识方式的历史。我们从书写人类历史转到构建博物学——然后到分析、实验和技术科学——但是总是力图将构成近代科技医的项目也看作是我们人类历史的构成部分。

第三章　博物学

本章论述认识世界的多样性——论述描述和采集，鉴定和分类，应用和展示；论述那些男人、女人的“笔记本”文化，他们喜欢对周围事物“记笔记”——主要不是为了意义，也不一定是为了有用，而是出于好奇，或者出于鉴定和采集的冲动。正如已经讨论过的，“博物学”一词在这里涵盖能够被命名和采集的所有东西，而不仅仅是“博物学家”现在常常致力于研究的动物和植物。本章分析了采集、描述、展示——出于以拥有为荣，出于智力的满足，以及出于商业和工业的目的——的历史。

博物学在17世纪是一个普通的术语，具有我在本书中使用的广泛意义。它是事实的登记簿，是对世界上的存在物的汇编。它不同于自然哲学，自然哲学是说明**原因**，是某种解释而不是编目。我将在下一章进一步讨论自然哲学；在这里，我集中在编目怎么成为可能并受到喜爱，以及它们采取的形式。我们已经看到博物学怎么用于反对解释学，“自然物体”可以通过“移除”其符号意义、神学、词源等被

“揭示”。但是这种表述存在问题；它暗示被移除的东西是“附加物”，但是事实上它是文艺复兴时期宇宙中的动物或植物的意义的不可分割的一部分。所以，不问意义是怎么被剥掉，我们最好问“自然物体”在离开文艺复兴世界的过程中是怎么被**创造**出来的。

珍奇物陈列室能很好地说明自然物体作为意义载体的传统，它们从16世纪开始流行，最近已经引起了历史学家的注意。“陈列室”着意于使人惊奇；收藏物是许多不同的物品——发现品或制造品，每一件都具有它自己的故事或信息。一支独角兽(或独角鲸)的角，一只新出生的畸形猫，一块鱼形的石头，一块稀有的水晶或宝石、古币，或者可能是石器；它们是有意义的华贵的物品(Findlen，1994)。[1]这些收藏品直到18世纪后期都保存在很重要的地方；在大众的层次上它们一直延续到今天，存于私人藏室或“畸形物展厅”(Altick，1978；Elsner and Cardinal，1994)。当然，它们是娱乐品，但是我们最能记住**所有**展品的**这**一方面；并不是因为动物分类学的吸引力才使得大型博物馆吸引了众多的参观者；不管展览如何“科学”，大多数参观者还是对奇异物感兴趣，并因在楼梯顶端的盒子中陈列的大的纺锤形蜘蛛蟹而记住那个博物馆。我们的历史问题，不是解释收藏品的那种解释学方面的持续，而是看它为什么部分地被更平白类别的标本取代，这类标本不是被看作有意义的个体，而是被看作上帝的创造物和人工制品的有序序列的部分。为什么，到18世纪，一系列珍奇品被以“覆盖”植物或贝类、矿物或钱币为荣的新的收藏品替代(Hooper-Greenhill，1992)？

与一贯历史地解释这样的发展一样，我们寻找(及寻求)可以利用和发展的其他途径——也许是寻找可能会变得更突出的文化的次要方面；我们也寻找似乎欢迎这种发展的“环境”。这里我们注意到两种这样的途径，可以称之为亚里士多德主义和新技术；以及两种这样的环境——探索新大陆，和赞美世俗的生活及其物质财富。

“志”和表现

在亚里士多德主义里，分类已经成为一个主要的关注点，这种传统如此重要，以至于17世纪出现的“博物学”被看作是亚里士多德主义的修正而不是替代物。文艺复兴时期的经院植物学家常常将自己看作是在继续特奥夫拉斯图斯(Theophrastus)的工作。后者是亚里士多德的学生，专注于植物学。确实，亚里士多德一直是充分进入19世纪的“生物学家”的一个主要资源；达尔文讲到林奈(Linnaeus)和居维叶(Cuvier)作为他的导师——但是“与古代的亚里士多德相比，他们仅仅是侏儒”。如果说科学史家常常蔑视亚里士多德宇宙的简易的自然主义和“目的性”，则部分原因在于，他们忽视了日常生活中的描述和分类问题。

我们已经在前面论证，文艺复兴时期的学者倾向于使描述屈从于意义。文本很重要，博物学屈从于自然哲学。如果动物和植物的形态被描述，那么它主要是为了表明各部分行使功能支持整体，表明动物“自己制造”的方式——在发育过程中实现内在于“种子”中的目的。波马塔(Giana Pomata)已经论证，17世纪的一种新形态博物学的部分转变是描述地位的上升，可以轻松地**记录**而较少担心深层的原理。例如，医生开始出版病史，作为疾病和医疗实践的样本。植物描述是“为了自己的目的”，不仅仅是当作药物(Pomata，1996)。[2]我们可以将这些态度的变化与前一章关于商业文化和对日常生活的赞颂，对工匠越来越高的评价和将上帝当作工匠而不是“作者”的观点的讨论相联系。但是我们也能够将它们与视觉表现的新的技术联系起来。

如果说亚里士多德的自然主义在大学中重生，那么也可以说艺术在文艺复兴时期的意大利的城市，尤其是在15世纪的佛罗伦萨重生。它曾经而且仍然是它们文化成就的一个非常显著的特征，但是作为浪漫主义运动继承者的我们，太容易将它放在与科学对立的位置。可能需要提醒我们，这种新的建筑和人体的自然主义的表现，除了是审美的也是智力的尝试。对于这些艺术和科学，极为重要的是创造了**透视画法**。正如桑蒂利亚纳(Santillana)所主张的，“发现透视画法以及按比例画三维物体的相关方法对于前伽利略时期的‘描述’科学的发展，跟以后数世纪里的望远镜和显微镜与今天的照相术一样，必不可少”(Santillana，1959：33)。

从15世纪早期布鲁内莱斯基(Brunelleschi)的实验到新圣母玛利亚教堂的马萨乔(Masaccio)的壁画，建筑师和艺术家们(特别是在佛罗伦萨的)力争在平面上表现空间关系，像眼睛在暗箱(camera obscura)* 中看到的一样。在画建筑物或身体时，各部分在这种透视结构中相互关联。这些空间关系对于新的解剖学非常重要，其中最著名的是维萨里(Andreas Vesalius)在1543年出版的大图册《人体的构造》(*Fabrica*)。正如学者型的解剖学家研究希腊著作以重现对人体的说明，艺术家探索各部分的关系并找出画“内部”的方法，使内部与更普遍地表现在油画和雕塑中的外部特征一样“栩栩如生”(Kemp，1990；1997)。

人们可以看到它的出现。在中世纪的解剖学著作中，所有的图都

---

* 一个黑屋，其中一面墙开一小孔或放一透镜，外面物体通过小孔或透镜投射到对面墙上，产生物像。——译者

是简图；在维萨里的著作中，所有的图都是自然主义的——剥掉皮肤，或从不同部位切开的躯体，或露在野外的骨骼。在其中间时期，约1500年，你可以看到具有内部简图的自然主义的人体——文艺复兴时期的外部，中世纪的内部。将世界呈现为与双眼所见一样的新的绘画科目，有助于使人体成为可以进行探索的一片土地（Herrlinger, 1970）。中世纪的解剖学曾是对理论的证明，而到了17世纪它们常被看作新的博物学的一部分。

在整个近代早期，**探险**对解剖学很关键，身体的部分被“视作”世界的其他部分——视作泉水、溪流，或者视作植物的分枝，等等。新的解剖学与航海探险平行发展，后者发现新大陆的东西并将之带回旧大陆。

新大陆、新特征和新创造者

对古人未知的土地的探索，以及在商业国家的首都里逐渐增加的新的动植物的巨量标本，这些都需要一种新的编目方式。但是从新大陆来到欧洲的标本没有神话和符号意义，而这些是欧洲植物（至少是医用植物和食用植物）的古典传统的一部分。第一批包括新大陆植物的植物学著作也是第一批丢弃“人的”、符号的方面，创造“无任何想象的东西”的博物学著作，这是一个有意义的巧合（Ashworth, 1990:特别是322；Grafton, 1992）。同样的情况也适用于考古学标本——北欧发现的遗存物，像新大陆的植物一样，不容易适合古希腊和古罗马时候写下的历史。罗马古币有丰富的文学背景材料；而英国的遗存物可利用的则少得多。因此这些也被当作能够被列举和归类的自然物体，以形成新的博物学的一部分。

但**为什么**这些新种类的物质被进口和（或）采集？是什么创造了分

类学的需要？这里，我们转到都市商业社会的发展(特别是在荷兰)，而且也转到宗教(特别是新教，这在上一章已经介绍)。我们从述及17世纪的荷兰开始探讨，然后到18世纪的英国，最后回到博物学知识形式的问题。

荷兰的情况已经由艺术史家阿尔珀斯(Svetlana Alpers)在她的开创性著作《描述的艺术》(*The Art of Describing*)(Alpers，1983)中作了美妙的分析。她走出了植根于欲“解读”的古典的、英雄的、叙事的艺术史传统，将荷兰的艺术解释为赞美物体和拥有。她的批评者评论说她低估了荷兰绘画的叙事的、历史的和道德的方面，但是至少阿尔珀斯激起我们去分析(对我们)常常显得如此自然的以至于不需要解释的绘画和描述的形式。(本章力图对博物学做同样的工作。)阿尔珀斯再现了一个繁荣的都市社会，他们致力于和平艺术而不是战争艺术，致力于贸易和探险，其新教教义相当自由。富裕的商人收集自然物品与工艺品陈放在一起。一幅幅油画是“一件件艺术品”，高超技法画就的图像，可以“代替”原件(例如，用花的油画“代替”花)。“如果说剧院是伊丽莎白时期的英格兰最充分再现自己的场所，那么图像就是荷兰发挥同样作用的东西”(Alpers，1983：XXV)。这些图像是多“自然主义的”而少解释学的，而且这些图像无处不在——印在书中，织入花毯或亚麻布，涂在瓦上，框在墙上。任何东西都可以被画成像——从昆虫、花朵，到巴西原住民、阿姆斯特丹人的家庭排列。地图对这种文化极为重要，它不仅是航海的工具，也是对世界的描述。地图集是荷兰的专长，地形学——地图与地貌联系的技术——也是。

我们已经提到文艺复兴时期意大利表现的技巧；荷兰人也能利用透镜和暗箱——产生自然界图像的“自然的”方法。投射到这样一个暗箱中的小镇的图像，成为它所描绘的世界的一部分。新的望远镜和显微镜投射很远的和很小的事物，因此它们能够被抓取到绘画中——通过“一只忠实的手和一只诚信的眼”(Alpers，1983：72—73)。[3]视觉的清晰和诚信受到崇尚，尤其是被那些有需要并有能力购买新镜片的人。正是在荷兰，透镜打磨成为一个主要工艺。

许多论述“科学革命”的近期著作接受了阿尔珀斯的历史洞见。近期对17世纪实验的最好研究澄清了这些新的手工与更广泛地被当时人称作博物学的“事实和物体”文化的联系。夏平(Shapin)和谢弗(Schaffer)在他们关于玻意耳(Robert Boyle)和空气泵的经典研究中，将科学仪器看作是使不可见的变为可见的。气泵实验(我们将在第六章讨论)表现“空气的弹性”，很像望远镜显示木星的卫星、显微镜显示构成软木的“细胞”(Shapin and Schaffer，1985；Shapin，1994)。

但是，再现自然不仅是一种令人欣愉的兴趣和富足的标志——它也是一种宗教行为。无论是对尸体还是对微小的昆虫“进行解剖”，这都是展示上帝的技艺。这种“道德寻求”特别明显地表现在对受处决的罪犯的公开解剖中，在荷兰，这种解剖常常在教堂举行。这些流行的东西沾染上道德教化的气息：通过罪犯的尸体，解剖学者赞颂上帝的美妙设计。尽管这种感受并不新鲜，但是它却采用了新的形式，并具有新的与人的创造的关系(Schupbach，1982)。

在大多数文艺复兴的世界解读中，堕落的人类的工艺产品不能与上帝的产品相比，但是荷兰的中产阶级还是进行了比较，他们轻松地将上帝看作一个工匠，这种态度对“机械哲学”和新的博物学成为可能并流行是非常重要的。我们常常受到提醒，机械哲学家喜欢把有机体看作“机器”——但是这是最有智力的想象。我们最好将注意力集中在整个已知世界现在能够用于理解其未知部分——无论是微观的、遥远的，还是新发现的——的方式。在新的博物学中，自然物体和人工物品被同等看待——处于同一目录，该目录提供无限的范围用于对比。这是非常重要的，因为正如艺术史家教导我们的，所有的看都是“看作”。发现淋巴管的解剖学家将淋巴管看作身体地貌中的小溪，血管的形状类似于植物体内的管道(反之亦然)。你可以将蜡注入管道，然后剥掉周围组织，以产生微小的灌丛——它可能有用，或者仅仅用于装饰。确实，这样的蜡制品有时与其他一些解剖结构结合，产生具有道德暗示作用的插花艺术(Cook，1996)。他们赞颂动物和植物结构的相似，以及自然与石蜡模型的关联。我们可以称之为“多媒体”，想想赫斯特(Damien Hirst)的艺术品——浸泡在福尔马林中的羊。

在这个私有文化中，博物学必然是为提供这种文化的工匠和商人服务的，但是因此，它也是为外科医生、药剂师和内科医生(医学界的大学毕业生)服务的。如果浏览一下荷兰的收藏品，我们就会发现为道德说教和满足好奇心的骷髅和畸形生物；但是也可以发现植物材料收藏品，从流行的郁金香到外来的干制香料植物，从用于家具的新种类木材到药用植物——可能储存在代尔夫特陶器(Delft pottery)中，代尔夫特陶器是杰出药剂师的象征。他们的商店好像博物馆；一系列创造物接着一系列商品。到17世纪后期，这种情形同样出现在伦敦。

当内战后皇家学会在那里建立的时候，它创立了一家博物馆，收藏人工制品，其中许多是外来的。像在皇家学会的创立中许多别的行为一样，博物馆的目的是增进实用技艺(Arnold，1992)。在这一方面，皇家学会(有一段时间)继续清教徒的、培根式的改革者的事业，这些改革者追求贸易、农业和医学的进步，把它们作为自己对世界上这里的一个新耶路撒冷的责任。从某种意义上说，“博物学”对于这个事业非常重要(Webster，1975)；在手工业和技术工种中，“做的方式”也非常重要，它们包括“指南”——当时文化和商业交流的一个普通词语，范围从烹饪到技术工种，从药物到调查自然的技巧。它们代表一种传统，这种传统从文艺复兴时期的“自然巫术”，到19世纪的家务和手工手册，到我们今天无数的“怎么做”书籍(以及电视节目)。

虽然我们对医疗实践和医药交易的了解比对生理学论文的了解要少得多，医学似乎还是适合博物学的这种模式。药剂师的教育对于野外植物学的发展非常重要:学徒被带到野外采集“药草”，对于其中某些人鉴定植物就成为其目的之一(Allen，1976)。植物园由药草园发展而来，由大学或医学行会建立。化学也部分地开发新药物，部分地改进其他技术行业和手工业，包括农业。荷兰到1700年、爱丁堡到1750年，这种新的化学、新的植物学和新的解剖学的许多内容都包括在医生的教育中。这些知识有助于成为一名职业教师。

疾病的研究也更“博物学”。“病历”汇集起来，为集合的观察资料库作贡献(以及作为特定医生的经验、高明且有效的广告)，而且有些医生试图通过描述某地区某时期的“体质”而不是看重受感染的个人的体质来描述传染病。这种医学吸收古典传统，特别是划归希波克拉底的著作。它在英国的主要代表是西德纳姆(Thomas Sydenham)，一位医疗改革者，他与医生兼哲学家的洛克(John Locke)处于同一圈子，并且他有对18世纪的非常多“博学者”产生影响的植物和分类的兴趣(Bynum,1993；Raven，1968)。

名门人的特点

如果17世纪的荷兰可以作为都市社会中描述技艺和制造技艺的模型，那么18世纪的英国就是乡村社会的一个模型；确实，在一种博物学方法居统治地位的文化中，它是我们最好的例子。本部分从荷兰转到英国决非偶然——经济统治和海上统治，以及后来的西方医疗改革的中心都是如此。从18世纪中期开始，苏格兰的各所大学是受教育的人形成的文化的著名中心——受法国极端分子的钟爱，在北美洲的殖民地产生影响，并通过汉诺威王朝与某些德意志邦国和低地国家相联系。在苏格兰低地和英格兰的郡中，贵族及其乡绅和商人中的模仿者在乡下庄园的基础上建立了一种高级文化——模仿古典希腊，但是欢迎现代知识和有用设施。庄园被"改进"得更像古典风景——画出来则更好。曾经显得危险的山峰被看作如画的或壮观的；它们被游览，被描画，被在诗中赞美。自然被驯化和改良了，如田野、植物和牲畜被驯化和改良了一样。有教养的绅士收集植物和动物、蛋和蜗牛壳、矿物和考古遗物，以及钱币和印刷品、雕塑和油画。这些藏品炫耀财富、智力和地位；既然它们博得尊敬，它们就有助于使社会等级结构显得自然(Ritvo，1987；Thomas，1983)。

有趣的是，英国的"历史"那时在格兰杰的名人肖像系统——一个按照时间的等级网格，此网格可以由贵族的商业印刷肖像填充，很像后人将邮票集入他们的像册——中变得可视和可收集(Pointon，1993)。剪贴簿很常见，一些家庭购买可拆的印刷书籍以便额外的印刷物(甚至标本)可以插入。在描述书籍和版画中日益增长的市场，反映并补充着标本和经验的收集。上帝的、人类的和艺术的作品都可以叠加在一起——这样的排列也许可以看作古典知识系统，即福柯所描述的知识网络的肤浅翻版。正是在这些文化中，形态分类学(特别是植物形态分类学)最先进入了日常使用。围绕它们的争论仍然是有益的，因为分类仍然是旧知识和新知识的最根本的方面之一，尤其是在我们所处的“信息时代”。

正如18世纪哲学家指出的，研究分类有两种方法。一种方法，是将具有许多相似特征的种归为群，进而构成一个相似物的嵌套结构。所有很像蔷薇的植物可以归成一群成为一科；在这个大群里面是更小的群——像草莓的那些植物和像苹果的那些植物，甚至更像蔷薇的那些植物。在更高的级别上，这个大的“蔷薇科”可以与菊科或者伞形花植物并列，与草本植物相对。(一种自然系统的)这个目标，一直是分类学者不断使用的一个原则。在20世纪，一些分类学家运用一种称作分枝分类学(cladistics)的分类形式；他们使用计算机，根据最大数量的“特征”——所有都被视为同等重要——试图建立等级系统。一些细菌分类以此为基础，某些分类学家认为只有这种方法才是“客观的”。对于18世纪的哲学家来说，这种方法接近对学习非常重要的“联想”的心理过程(Daudin，1926；Jacob，1988)。[4]

但是这样的系统作为鉴定和排列的指南是不适用的，因为它们依赖许多特征并且随着新种的发现而需要不断调整。另一种方法，是从简单的特征开始并依次排列植物。约在1730年，瑞典人林奈设计了一个极好的排列和处理方法。在荷兰，在植物引进中心，他清楚了对分类的需求，分类能够使植物学家、园艺学家或药剂师知道他们处理的是不是同一种，而不管此标本采自什么地方。为达此目标，林奈发明了双名系统，并将之作为拐杖。(所以，普通的雏菊还有一个属名和一个种名——*Bellis perennis*。)他将这种命名方法与他的植物分类的“性系统”联系起来，这是根据花具有性器官这个令人烦恼甚至愉快的发现(Frängsmyr，1984；Stafleu，1971)。在林奈的分类中，花中一起出现的雄蕊和雌蕊的数目是上帝制定的秩序原则，一种证明其有用、并增进林奈运用其极具秩序的头脑对植物学和自然界其他领域的研究的追求的神的排列。正是在英国的贵族文化中，他的传统才得到最充分的发展，并成立了一个以他的名字命名的国家植物学会。

我们需要记住，对分类的热情对于认识非常重要。分类提出了人在自然中的地位及其与其他动物的关系的问题。分类可以是医学的关键：如果疾病能够被合适地分类，我们就能够更容易地认识它们及其相似性。但在这里，与在其他地方一样，理智的目标不是总能实现的；结果在疾病的分类上取得一致意见不可能，主要是因为在什么构成“疾病”的问题上意见不一致。如果你检查 1750 年左右苏格兰著名医生卡仑(William Cullen)的相关文字，他的分类的分枝末梢点上的疾病常常会让你觉得大多只是症状(Cullen，1816)。

但是即使在不能获得稳定的分类的地方，人们仍然能够进行描述和汇编。18 世纪也是百科全书的时代，这样的收集物包括技术和工艺，并且尽可能包括其奇特的地理变异(Gillispie，1972)。人工制品作为我们“扩展的博物学”的部分，其一个好处是，像当时的作者一样，我们能够看到人工产品和自然物种之间的相似性。

人工产品是地区性的，它们在某种程度上有助于定义和标志所在地区。不同的地区制造不同种类的铁锹或布或房屋；确实，不同地区间的农民本身就具有差别(不像观察他们的“世界性的”中产阶级)。[5] 人工产品和农业产品常常作为**地方志(历时的地方**的博物志)的一部分，与动物、植物，矿物、考古遗物、疾病、天气一起被研究(Jankovic，2000)。人工制品，像特征植物或本地建筑一样“从地里长出”；像植物一样是季节性的并受天气影响。尽管我们有时认为人工制品是机械的，与生命现象相对，但是这种观点很难经受住检验。大部分人工制品是将动物和植物转化成食物、布、房屋和器具，因此这些产品像动植物一样被描述和分类几乎并不令人吃惊。

但是，通过以有助于理解过去的方式思考我们现在的知识，我们可以将此观点进一步拓展。我们现在以“物种”或“商标”的观点来对许多消费商品进行思考。奢侈品——或多或少是传统手工制作的——似乎是以“物种”模型被理解，而实用的(常常是分析的)特征描述则用于日用品。我们可以详细指出一个加热系统或一块办公室地毯的有用品质，但是对于上等葡萄酒或干酪、时髦服装或赛马，“我们”却要求优等的商标或高贵的品种(Pickstone，1997)。这样的财产曾经而且仍然是社会地位优越的标志——血统纯正的品种配血统纯正的人。

如果想要18世纪的医生如何评估其病人的线索，我们就可以利用**鉴赏力**的概念，我们最好从奢侈品或艺术品来理解鉴赏力。鉴赏家能够分辨出一种葡萄酒、它的产地、产期及正常变异；他们也知道它的典型缺陷和“疾病”。同样，要很好地了解一名患者，就要知道这类人中此人的性格、背景、生活方式、潜力和弱点。这是古典传统中生活医学最基本的东西，这种医学将疾病看作个体生命自然状态的扰乱。要了解一名患者，如说他多血质或胆汁质，是要了解其生命的自然状态，并因而辨别出如发烧可能形成的对那种本性的偏离。治疗就是恢复自然状态，通过使身体和其气质重新平衡，也许通过放血或改变“养生法”来治疗。

生活医生知道患者的体质容易患什么疾病，知道这些疾病中哪些与特定的季节或地区相关联。或者与之相反——他也知道，**某个地方和(或)某个季节的特性**，哪些疾病与之相关联。患者有“体质”，但是季节和地区也有；医学行家理解它们，也许现在仍然理解。但是，那种特定地区和特定时期的博物学，有时与“普遍的”分类学——如所有有花植物的分类学——所运用的博物学“应用于不同的情况”。前一种研究对于实践其所在地区的博物学的乡村牧师和医生非常重要，后一种则对于世界性的旅行者和出外采集的博物馆馆长非常重要。从18世纪后期以后，植物采集成为一个次要的职业，是科学帝国主义的一部分。

自然帝国

我将重点放在18世纪，因为当时的博物学理解在欧洲的科技医文化中占支配地位。我将在下一章论证，1780—1870年的时期也可以被称作“分析时代”，因为通过“分解对象”，许多新学科在那时建立起来，而它们曾经都“从属于”博物学的相应部分。但是这并不意味着博物学消失了，甚或变弱了。人们可以说19世纪是伟大的“科学”博物馆时代，许多科学史家由于热爱“实验室”而没有看到这个事实。那些了解剑桥和牛津的人可能记得，当这些大学在19世纪中期最先对科学进行投资时，是通过建立博物馆，而且主要是为了博物学(一门与绅士的宽广和通识教育相容的科学)。事实上，19世纪的多数大学继续将博物馆作为它们教学和研究的一部分。仅仅是在20世纪后期，某些大学博物馆才逐渐被看作主要是为了“吸引参观者”。

但是，对博物馆的最大投资是19世纪的民族国家投资，博物馆被建在首都，作为国家和皇帝权力的象征。巴黎率先这样，法国大革命之后，前皇家植物园发展成一个国家自然博物馆，其中教授任馆长。许多其他的前皇家收藏品以类似的方式转作公用，其中包括卢浮宫的艺术品及手工艺学校收藏的技术展品。在拿破仑的统治下，欧洲和北非的被征服国家受到有计划的掠夺，用以扩充帝国的藏品。这些藏品不仅展示法国的权力；而且通过声称它们是自然秩序和伟大艺术的权威性藏品将法国等同于科学和文明。博物馆的经费支持成为现代国家的一种职责和资源，一些热爱者获得担当馆长或教授的职业(Hooper-Greenhill，1992；Pickstone，1994a)。

18世纪，在斯隆(Hans Sloane)的收藏品的基础上建立的大英博物馆，在伦敦发挥了类似的作用，还有建在丘园的植物园，丘园起初作为皇家庄园被开发。到19世纪中期，它们被当作帝国珍品的收藏地和帝国财产与资源的储存间。在1881年，远在政府投资筹建大实验室之前，南肯辛顿新建了一个庞大的建筑物用于存放博物学标本。(国家)地质博物馆的标本也被转移到南肯辛顿，与应用技术和机械藏品以及科学仪器陈列在一起(Forgan，1994；Stearn，1981)，科学仪器我们将在下文中讨论。许多博物学材料来自大英帝国所辖疆域。其中一些由政府资助的探险队采集而来，其中最著名的是19世纪30年代初的皇家海军“贝格尔号”的航行，在“贝格尔号”上的达尔文是绅士博物学者。正如这个事例，探险的主要目的常常是为改进航行而调查；在19世纪中期，英国的海军地位无可挑战，因此“研究”对于聪明的年轻军官是有用的刺激物。

直到该世纪末，美国的探险和采集物是“内部的”而不是海外的，但是在“科学国家”的形成过程中无论怎样强调标本、博物馆和记录的重要性都几乎不为过。最明显的机构是华盛顿的国家博物馆，以及研究美洲大陆的地质学、植物学、动物学和民族学的联合机构；但是，商业城市和工业城市也有有名的博物馆，像在英国一样，常常由热心者团体建立。在这个世纪的后30年出现的大学都有自己的标本收藏，这对农业教学极其重要(Dupree，1957)。

约从1900年以后，所有的欧洲强国(以及美国)都对殖民地开发大量投入，以改进热带农业和减少疾病灾难。所有这样的工作都需要基础设施——标本、博物馆和植物园，在帝国中心和殖民地首都，这些都有了。这些事业对于20世纪中期的帝国发展，对于此后的后殖民强国的地位都是非常重要的(Farley, 1991；Sheets-Pyenson, 1989)。

当然，并不是所有博物馆和探险的科学工作都归入博物学。我们在下一章会看到，博物馆专家通过建立如比较解剖学的分析方法确立他们的权威，到19世纪末，其中一些专家从事实验方法，例如在新的生态学科学中。然而，甚至在大学中，基本的理由仍然是记录和展示多样性——出于经济的、文化的和政治的原因。对于城市和国家收藏品，更是如此。尽管生物学史家喜欢主张在19世纪后期实验室科学**替代**了博物学(Allen，1978；Maienschein，1991)，但这是夸大其辞。“实验室”生物学占统治地位(我们后面会讨论)，但分类学仍然是探索和开发世界的一个不可或缺的部分，尤其是对20世纪前半叶繁荣的欧洲帝国。

因而它还继续存在，尽管现在这些帝国更加明显地是商业的。帝国的标本在其尽可能丰富的“遗传多样性”方面仍然代表了工业、农业和“开发研究”的一种主要资源。在医学中，尽管大多数研究自从19世纪早期之后已经是分析的，但它也需要巨大数量的、常常是作为“博物学”而采集的**标本和数据**——外国地区的医学“地貌”，如简单的死亡率统计、国内外流行病的说明、在健康和疾病方面人类多样性的标本。今天，分子生物学家常常利用这些材料来分析人类和其他生物的变异，但是，正如我们在最后一章将讨论的，这种“自然资源”的所有权会被激烈地争论。

但是，即使当博物学被分析和实验的拥护者贬低时，它仍然是**大众**科学的一个主要部分，是专业生物学家可以扩展他们工作和影响力的一种重要方式，是公众理解“自然”的一个关键部分——实际上它现在仍然是。

通俗博物学

研究18世纪的博物学，我们的重点是地主阶级，但是博物学也在“业余”的中产阶级社会中流行，这些中产阶级社会于18世纪末在英国和法国的许多乡镇中存在。博物学，在英国新兴工业城镇的“科学”精英中，至少与物理科学一样重要(Thackray，1974)。医生常常就是博物学家，工业革命促进了在乡野寻求理智乐趣的工业资产阶级中的野外博物学的“繁荣”。例如，到19世纪30年代，曼彻斯特以拥有一个致力于博物学的中产阶级社团(和博物馆)，以及拥有更多的致力于地质学和植物学(包括园艺)的专家团体而自豪。在周围的城镇中，在19世纪后期，对动物、植物和矿物的研究经常与考古学和地方史结合在一起——在本地哲学团体或野外俱乐部中。尽管工人阶级在特殊情况下允许进入这些中产阶级组织，但是大部分时候他们有他们自己的群体，这些群体常常在酒吧会面。在那里，本地能手将会给出植物的名称；在某些情况下，工人精通草本植物或苔藓等“困难”类群(Allen，1976；Kargon，1977；Secord，1994)。对于有些技术工人来说，植物学是与本草学或园艺相关的；对有些人来说，植物学提供了社交联系；而对许多人来说，植物学是一种演练“超越他们生活层面”的才能的方式。

阶级划分已经弱化，但是博物学团体(普通团体或专业团体)延续到现在。从19世纪后期开始，他们不时成为由对(分析的)分类学或生态学(植物的一种分析科学或实验科学)感兴趣的学者发起和主导的项目的自愿劳动力。今天，随着大众生态意识的增强，地方博物学团体可能会对污染感兴趣，而且几乎可以肯定，他们将对“环境保护”

感兴趣；但是他们的核心活动，仍然是识别和记录他们所在地点或地区的动植物。大量的手册文献支撑这些活动，博物馆继续展示贝壳和制成标本的鸟——虽然现在常常置于生态场景而不是像图书馆藏书那样按分类秩序装进柜中。19世纪中期照相术出现之后，就对博物学产生了强烈的影响，在我们的环保时代，“幻灯片”代替了标本。电影、收音机，特别是电视，在普及人类对“自然”的理解方面做了很多；确实，现在的英国儿童更熟悉恐龙(Desmond，1976)和海豚的生活方式，而不是蓝冠山雀和獾的。

新旧技术展

我们已经注意到，“发现”和采集不局限于自然物体。近两个世纪，与以前一样，特定种类的机械已经被收藏和记录——特别是火车发动机和飞机，但是也有轿车、公共汽车和轮船。虽然有时它们在什么时候发明被认为可疑，但是这样的机械受到了人们的喜爱，并且常常成为“景观”的一部分，几乎也是自然界的一部分。工业时代也已经看到其新的“可收藏的东西”：邮票是典型的例子，但是取自香烟盒的卡片也一度被收藏，特别是被男孩们收藏，体育纪念品(如足球赛程表)现在扮演着相似的角色。在人造商品和强力的广告世界中，人类的产品已经明显地成为追求的对象，并且成为鉴定、收藏和展示的渠道(Elsner and Cardinal，1994)。我曾经牵着我的小儿子逛林奈的植物园(仍然保留在乌普萨拉)，但是植物分类的原理完全不能使他产生兴趣；他对花的各部分排列漠不关心，但是当我们路过自行车商店时，他对山地车各部分的可能排列表现出令人吃惊的精通。

约从1840年以后，技术**展览**成了工业城市的一个特征；其目的是为中产阶级和(或)工人阶级提供有关一系列机器的知识(也许还包括其原理)。从19世纪中期开始,国际技术展已经常见——主要是商品交易会,在其中,国家和公司展示它们的最新产品并为声誉(及订单)而竞争。生物的与机械的融合了;来自兰开斯特的、坏脾气的动物学家欧文(Richard Owen),后来成为伦敦自然博物馆馆长,他也是1851年大展及1855年在巴黎举行的"加工和保存食品"展的原材料组的评委主席!(Desmond,1994;*Dictionary of National Biography*,Owen;Rupke,1994。)

事实上,1851年的展览很好地说明了维多利亚中期的博物馆文化的许多相互联系。在皮卡迪利附近的应用地质博物馆于同年完工。当为海德公园的大展而建的水晶宫被迁到锡德纳姆时,欧文设计了大型的恐龙模型以吸引公众。以1851年的收益在南肯辛顿建立了永久的美术馆,用以展示英国最好的"设计"[现在的维多利亚艾伯特美术馆(Victoria and Albert Museum)]和最好的技术与科学(伦敦科学博物馆的源头)(Pointon,1994)。在这些宣传展示的背后,是大量厂商的产品目录,如果你想重建很久以前的工业、商业和职业的物质文化,它们的价值无法估量。技术图书馆也是19世纪的创造物,它包括有专利图书馆(以及专利模型藏品)。从那以后,西方世界以庞大而不同的资源支持"扩展的博物学"——从标准局到细菌和病毒的模式标本采集物。但是,当然,许多这样的"当代"采集物随着时间的流逝就成了"历史的"——这种新与旧之间的对立一直是整个20世纪的(某些)科学和工业博物馆的一个特征(Butler,1992)。

自从第二次世界大战之后,技术博物馆建立的首要目的常常是展示**旧的**技术即工业考古物。许多这样的博物馆建立在工业遗址上——展示地方史和社会史。它们并不关心新东西,也不关心人工制品或仪器的分析;它们展示历史的技术博物学——或者通过展示各种系列的相关的人工制品，或者通过将人工制品放入“重建的背景”之中(Butler，1992)。在斯堪的纳维亚，类似的展览存在于与学术的“民俗研究”相关的“民俗博物馆”中。在英国和美国，“民俗研究”曾是大量业余爱好者从事的活动(博物学的一部分)(Dorson，1968)。

从19世纪中期以来，英国的收集者偏好考古学和人类学——前者主要关注前罗马时期的英国，后者主要关注大英帝国。除了专业人员之外，它们都有业余爱好者，在维多利亚时期的英国，许多活动可以被看作“博物学”——人工制品或习俗或语言等的采集和分类。这种混合物的一个非常好的例子仍然可以在牛津大学看到，在维多利亚(博物)馆(由罗斯金发起建立)的后面，牛津大学的展厅有历史的和人类学的人工制品的里弗斯收藏品(Pitt Rivers Collection)。它们按功能陈列——例如，用于取火的或用于恐吓妖精的工具，这是一个像百货公司那样排列的巨大的“旧货店”，是来自令人惊奇地回响着我们自己的物质文化的其他文化的物品汇集(Chapman，1985)。

“博物学”在现在

在本章中，我已经尽力追溯了一种认识方式的某些历史，我将它称作扩展的博物学。我将描述、“传记”、分类和展示相关联，并将它们与技术和社会运动相联系。我将博物学描述为更复杂的科技医的一个基础，描述为经济的一个方面，描述为西方人与他们的世界——包括充满技术设备和概念的世界——相关联的一种重要模式。在本书的最后一章，为了分析现在即2000年前后，我将回到其中的某些问题，但是在这里，我要强调我们在后续章节中将看到的博物学的两个特征。

首先，博物学与其他认识方式**共存**，及围绕着它们的相对重要性的持续竞争——即使在基于博物馆的分类学中，这有时被蔑视为一种主要是“机械的”活动。例如，我们已经提到，某些分类学家［称为转型分支分类学家(transformed cladists)］现在喜欢通过计算共有特征和不同特征来评估标本之间的亲缘关系；我们可以说，他们在实践一种复杂形式的启蒙运动时期的博物学。其他分类学者更注意那些被认为是“根本的”或“基本的”特性；我们将在第五章讨论经典的(分析的)维多利亚植物学时提到这种可能情况。然而，19 世纪以后的绝大多数分类学家已经视分类为探索进化序列的一种方式，这种方式被一些分支分类学家认为是思辨的。显然，即使在最专业的层面，博物学仍然存在争议。但是它更广泛的角色和原则是什么呢？*

在博物学惯有的狭义上，“自然保护”现在似乎是占统治地位的原则。在近代早期的人们**探索**、我们更近的祖辈**分类**的地方，我们**保护**。我们担心西方和第三世界生境的消失，担心物种和遗传变异的消失。对于我们现在大部分人来说，自然保护与其说是某种神学，还不如说是一种美学和预防原则(Bramwell，1989)。但是，扩展的博物学不仅是与“自然”(无论其意味着什么)相关；它还覆盖人类创造和使用的一切，在这个层面上，由于两个原因 20 世纪后期特别能引起人们的兴趣。一个是不断增加的全球商业渗透和“品牌”重要性；另一个是我们的“信息系统”。

在本章中，我强调了商业的角色——持有和消费，以及将手工物品和奢侈品概念化为准物种。我将这样的“物种”与“自然物种”相联系，并将它们与“实用产品”(下一章将表明它们是分析的产物)相

---

* 该句话作者来信改为：“但是，第二，我想强调与博物学相关的更广泛的角色和原则。”——译者

对比。但是，“品牌”是如此普遍深入，我们是如此远离“传统”农业的例行耕作并且不想暴露在“自然”，以致参照系统可能倒了过来。对于我们，“自然的”世界不是在野外，不是在自然博物馆中，也不是在汉普郡村庄季节变化的记录中，而是在塞满产品的家和花园中，在超市和充斥电视与杂志架的消费指南中——更不要说因特网了，通过因特网，这种商业发展与掌握“信息”的技术能力的巨大增长相互影响。

也许我们的万维网可以与15世纪印刷书籍、19世纪大规模出版的发明相提并论。前者改变了书籍的发行，并使图像再现成为“描述科学”的一部分，后者使博物学普及并创造了“家用手册”，等等。在20世纪末，计算机技术大大地扩展了“信息”收集和分类的潜力；在记录方式能够标准化的地方，标本和编目细节现在就能够在世界范围内比较。“虚拟”收藏品、虚拟博物馆和庞大图书馆现在都具有吸引力。技术包罗万象，它使差别最小化；艺术品或野生花，专利或细菌的细节，都能够电子“数字化”为信息。然而，现在，这个世界极其混乱——你用索引词搜索，不是依照等级分类——词是关键的东西。因此，仿佛有魔力，我们又回到了文艺复兴时期——回到了一个用“词”来排列的物质世界，回到了(品牌)名称的力量，回到了一个(商业的)附魅的系统，这个系统渗透到我们日常的所有和所做中，像以前宗教将意义赋予世俗事物的主张一样。正如我们在最后一章所指出的，祛魅只是故事的一半。

以这种方式，我们的现在促使我们对过去的“物质文化”和“信息系统”进行反思探索。对“扩展的博物学”的初步研究也许某一天能够适合这样的工作。在本书末我们将回到这样的问题，后面我们讨论19世纪科学的特征、占支配地位的“方式”——分析和实验。

第四章　分析与合理化生产

想一想，一间２０世纪早期的化学实验室——大而通风的房间，里面陈列着一排排装满化学制品的瓶子。这是一个矿物、动植物产品和工业创造物的博物馆吗？在某种程度上也许是，但是通常来说，化学研究者并不列举这些样品，并不担心它们的排列，也并不寻找这些样品之间的断链或珍藏新获得的样品，就像18世纪确实做过的那样。为什么不呢？部分原因是，自从19世纪早期开始，就可以从专门为之建立的公司中购买样品，但是可能更根本的原因是，这些化学制品对我们来说似乎在一定程度上是“任意的”并缺乏个体性。它们几乎都是“化合物”，我们可以把它们转变成其他化合物，假设它们包含同样的元素。对于大多数目的，每一种化学制品通过指明所含的元素及其比例这样的说明就够了。我们并不想了解该样品是怎么获得的——不管是从自然界还是工厂。我们只关心微量的“杂质”使我们的标本“偏离”设想的纯净物——一种由少数化学元素构成的单质化合物——时，才有关系。简单地说，这些化学制品不再通过博物学才了解；在实验室中它们是化学分析的创造物。

本章和下一章追溯分析科学的形成，特别是在1800年前后；我强调它们与职业教育和“顾问工作”的联系。使用“分析”，我们接近深奥的因而被看作西方科学、技术和医学的特征的知识。我们离开意义领域和博物学领域，进入与日常知识更少连续的专门知识。在英国，这种科学被认为**不**“仅仅是常识”。在与巴谢拉尔(Gaston Bachelard)联系在一起的法国科学史传统中，分析科学超越“认识障碍”，“认识障碍”被认为阻碍了通往真正科学的道路，它将我们推回到我们熟悉和感到舒适的日常领域。使用巴谢拉尔的一个重要例子：火的经验(曾经)是我们的现象世界的一个重要部分：它充满象征意义和文学联想；它是解释学以及博物学的对象。说火是氧和其他元素的结合物，或者说是一定能量的释放，就脱离了日常生活，而进入了一个超越日常经验和联想的世界(Bachelard，1938；Gutting，1990)。

我们可以以这样的方式来看待化学制品，这是18世纪后期的成就，尽管并不是没有先例。本章和下一章论证，相同的历史时期还创造了许多其他分析科学，各自都有自己的元素。这些元素并不明显——它们需要被发现或也许被发明。我将论证，17世纪的创造牛顿力学是一个重要的模型；一些新的分析学科，特别是化学，是其他学科的模型；特别是在法国，这些新发展的先锋自觉意识到了方法。约1780—1850年，这一重要时期有时被政治史家描述为革命时代——因为开始于1789年并持续影响了半个世纪的法国大革命，并因为从英国开始扩大的工业革命。通过扩展吉利斯皮(Charles Gillispie)的优秀著作中的某些看法，我们也可以称之为“分析时代”(Gillispie，特别是1965；1980)，而这可以成为我们试图**解释**这些发展的线索。

我们将看到，工程师们系统地将机器拆散成零件，其他工程师和自然哲学家找到通过机器跟踪“机械行为”的方法，以及发动机被看成是热元素通过它流动的系统。我将在本章中论证，后来成为物理学的许多东西在19世纪初出现在化学和工程学的前沿，如对光、热、磁、伏打电这些“元素”的研究。我的分析包括：将“化合物”分解为不同的元素，将系统还原为单个元素的“流动”（flow）。分析化学是第一种类型的模型，热力学可以作为第二种类型的一个模型。在本章末，我将通过考察生产的“合理化”，通过思考新科学的分析的元素和技术中明显的“元素”之间的关系，来探讨分析和工业化之间的联系。

在下一章中，我将表明动物和人的身体怎么解构为元素——组织，然后细胞——植物怎么被类似地分解，以及这些发展怎么与医学教育和实践中的变化相关联。我考察**形状**(form)在新的“形态”科学（“morphological” sciences)中怎么被分析(特别是在德国大学中)，以及地质学怎么成为对地层的研究(地层学)。我还要探讨分析在新的社会科学中的角色。但是我们不能忘记非分析的形式的持续重要性，或者分析的知识与“博物学的”和(或)“解释学的”知识之间的**相互作用**。这些相互作用对于分析时代的科学政策非常重要，后来仍然是这样，这点我将设法表明。

本章和下一章专注于1780—1850年，在这个时期，大量的这些分析科学和技术被发现或创建。我多将它们表述为重要制度创新的产物：法国的职业学校、医院和博物馆，德国改革后的大学，英国的工业革命。在第五章末，我探讨制度和工业的变化(以及因之出现的更广泛的政治和经济因素)在多大程度上可以说**解释了**概念的变化(反之亦然)。但是我也要重视后来的和更早的例子；我们一直在创造新的分析学科——例如，地理经济学。与之对照，某些分析学科在古代就被构建并在我们称之为科学革命的时期被改造。这些经典学科是关于运动的——行星的运动，以及后来地球上物质的运动。我从它们开始。

古代世界的分析

在论述解读和博物学的章节中，我们提到了希腊宇宙论和博物学的亚里士多德传统的**意义**，但是，至少在一个方面，希腊宇宙论吸取了具有非常不同的目标和成就的其他知识传统。巴比伦人已经用数词记载了行星和恒星的运动——用于预测，特别是用于占星术。正是柏拉图的学生欧多克索斯(Eudoxus)，力图通过几何方法解释数值比率——将间隔表示为圆周运动——来将巴比伦的计算吸收到希腊的宇宙论中。这个混合传统由希腊殖民者在埃及发展。在那里，在亚力山大城，托勒密及其学派将这种研究精致发展成了后来传播到基督教西方的形态。恒星和行星的运动，可以由一个环绕地球和相互环绕的约90个天体的系统来建立模型(Kuhn, 1957)。

将这种做科学的方式称为分析的，很有用：熟练的、圈子内的从业者(此处是数学家)成功地将令人费解的行星运动“还原”成一种圆周运动系统。这种系统不仅是描述的，它还能够预测运动，用于历法制定和占星术。这种系统究竟是“真实的”还是只被当作一种用于“解释现象”的计算工具，这在中世纪和文艺复兴时期的学者中间有争论；这是围绕哥白尼在1543年提出的对托勒密模式的根本修正的讨论的一部分，在1543年，哥白尼指出，如果将太阳放在宇宙的中心并使地球成为其行星中的一员，则可以得到一个更完美的模型。

在第二章已经指出，在1543年和约1700年间，西方普遍接受的宇宙模型发生了变化。亚里士多德的封闭世界模型让位于一个无限的宇宙；一套复杂的均轮和本轮系统被环绕太阳的椭圆轨道替代。天地之间不再有重要的区别，在牛顿的伟大综合中，天体运动与地面物体的运动遵循同样的规律。到1700年，原则上，无论在何地何时，物质运动遵循着简单的定律，并且，这个英雄史诗般的分析模型激发了许多其他的知识领域，如化学，化学那时是博物学和手工艺的混合物，它以按照机械论或希腊的元素——土、气、火、水——的观点，设想的对宇宙的解释为基础。

因此，近代早期的“分析的工具”也许可以看作世界的模型，它们也是生活的工具。我们已经遇到钟表作为天的模型，它成为人们的调节员；也许我们可以加上测量员和航海员的工具，再加上计算工具。也许，我们应该将它们视为分析地与天的行业工具(Bennett，1986)，它们划出时间和空间的间隔。正如代表自然和人工制品的“志”的一排排标本，和代表培根传统的“实验志”的化学家的“拷问工具”一样，它们被展示在18世纪的“陈列室”中，可以说是代表数学的分析。航海工具和数学工具的实际用途(以及身份价值)，保证了一种供给物和一种技巧库，它们可以为想要不同工具或者更复杂版本的教师或者访问教师所用(Stewart，1992)。

分析的雄心

在17世纪，“机械化世界图景”的那些人将物质的第一性的质和运动从颜色等第二性的质中分离出来。用我们的术语来说，他们将一种成功的分析程序的“元素”从那些不易处理、尤其因为难以定量化的性质中分离出来。他们主张，只有物质和运动才充分清楚和明晰，从而对理解是最重要的；并主张上帝和人类的深层一致性就在于此。

上帝制造了具有无限性的时钟。[1] 机械模型推测性地延伸到化学、解剖学和医学，并刺激了观察研究；几位重要的显微学者寻找动物和植物的内部结构，以期找到编织组织的“纺织机”——但是与天体力学相比，所得结果很少，因而到约 1750 年，“机械化”的计划失败了(Schofield，1969)。

但是，在这种计划逐渐消失时，另一个计划却正在加强，这个计划也利用了天体力学的成功，特别是牛顿的声望。它并不强调世界的机械构造，而是强调表面复杂的现象能够被还原到的定律的简单性。这种方法后来发展为以实证主义而闻名的科学哲学，是“启蒙运动”后期的特征。卡西勒(Ernst Cassirer)在他对这个时期的论述中，强调了运动定律怎么用作解释的范式，及“分解力”等过程怎么用作分析的模型。炮弹的复杂运动能够分解成水平运动和垂直运动，因而可以表示为简单运动的合成(Cassirer，1955)。这个模型可以作为分析的雄心的一个简单例子，到 1850 年，分析在许多学科中成功地普遍化了——不是将生物学和医学还原成物质运动，而是通过发现或创造能够构成新的学科的“元素”。[2]

福柯在其早期著作中注意到了约在 1800 年的“知识考古学”中的断层；他探讨了医学、生命科学、经济学和语言研究的断层，但是排除了物理科学(Foucault，1970；1972；Gutting，1989)。库恩在他论述数学传统和实验传统的论文中(Kuhn，1977b)，论证了许多新的物理科学在这个时候取得近代的形式；热、光、电以及力的研究，以数学的形式出现，与力学等“革新的经典科学”并列在一起。通过结合并重新磨合福柯和库恩的论述，我想追溯跨越**多数**科技医的“取代”，包括化学、工程学和新的物理科学，以及医学、生物学、地球科学和某些新的社会科学。对于许多这些新的科学来说，新的化学是典范。

化学元素

我们已经提出，18 世纪的化学，像大多数其他的培根式科学一样，是一种博物学、手工艺，以及能提供现象的思辨解释的自然哲学的混合物。实践者继续推进医学、农业和制造业的化学技术，跟他们从文艺复兴以来所做的一样；学者们试图模仿植物学的分类方法进行分类，或者根据希腊的元素（土、气、火、水）和/或炼金术原理给出化学性质的解释。但是到 1789 年，法国学者拉瓦锡（Antoine Lavoisier）推出他的《化学原理》（*Elements of Chemistry*）——一本新化学系统的教材，用“新语言”写成。[3] 他利用了新发现和有关“多种空气”的新观点。普通空气不再是具某种性质或多种性质混合（例如助燃能力）的一种气体；它被认为是一种具有各种不同**种类**的气体的混合物，特别是后来称作氧气和氮气的那些种类。这些能够被分开制备，并具有恒定的性质，与氢气等其他种类的气体一样。如果它们无法分解，拉瓦锡就称这些新的气体为元素。它们像无法分解的金属等其他物质一样具有重量。可分解的物质因而可以被认为是化合物，它们可以相应地被命名。

这种新计划在法国作出可能是由于被证明很重要的**各种**传统在那里汇合——对化学材料分类的兴趣，有关新气体和新化学反应的知识，受量化和称重的吸引，广泛地关注“分析的”理解，以及以对每一种新学科均是可操作的和精确的方式定义“元素”的“前实证主义”的准备就绪。人们可以在拉瓦锡的著作——一本意欲培养学生，使他们将来在旧的化学中搜寻能够翻译成新的语言的所有内容的教科书——中看到这种方法论的和教学法的计划（Donovan，1996；

Holmes，1985）。

尽管拉瓦锡和其他（领薪水的）皇家研究院成员常常被要求向政府提供有关技术问题的建议——有时在军需品、挂毯和瓷器的皇家制造厂——但将他的“新化学”看作在很大程度上来源于这些角色似乎不大可能。但是，在拉瓦锡被控包收税款并在断头台上被处决之后，他的化学在法国与欧洲其他国家之间延续到1815年而几乎没有间断，战争期间，由于国家对化学家的动员而发展了。持续20年，法国不得不在经济和技术方面自给自足，同时还要支撑一支庞大的征召而来的军队。[4] 我们将看到这种结合对于工程和医学的重要性；对于化学来说效果也许较不明显，因为没有任何大的教学机构专注于这个学科。一般说来，一组领先化学家和自然哲学家（其中某些人有私人实验室）充当政府工场和工厂的顾问与负责人。到1815年，他们至少确信，一般的知识分子，尤其是新化学家，对国家作出了巨大的贡献（Adler，1997；Crosland，1967；Fox and Guagnini，1998：71—74；Smith，1979）。

新化学很快地导致了物质世界的新模式。曼彻斯特的一名教师道尔顿（John Dalton），不久就发现不同的元素可能含有不同重量的原子；并且在化合物（与混和物相对）中，不同元素的原子可能结合在一起（Cardwell，1968；Patterson，1970；Thackray，1970）。在斯德哥尔摩教授医用化学和矿物学的瑞士化学家贝采利乌斯（J. J. Berzelius），规范了这个新系统，并引入了我们仍然熟悉的分子式（Melhado，1981；1992）。这种新模式的“可操作性”潜力巨大：世界上所有的物质都等待着被分解为新的元素，世界上所有的化学变化都等待着被描述为元素之间的反应。

在法国和瑞典，新化学家常供职于政府在医学、药物和矿物方面的机构。在英国，我们将会看到，许多需求来自工业，而化学家扮演“顾问”的角色。在所有这些国家中，也许特别是在美国，农业分析——特别是土壤和肥料的分析——到19世纪中期成为了一项急务。但是就新化学的产生和繁荣而言，最重要的国家是德国，特别是李比希(Justus Liebig)在19世纪20年代于吉森大学创建的学院，在19世纪，该学院培养了非常多的学术分析者和职业分析者(Brock，1997)。在小小的大学城中，李比希利用三个关键因素成功地建立了化学分析。他在巴黎学到了方法，尽管那里对于认真的学生来说机会有限；他将其应用到对药剂师的教育中——对1800年前后的几位关键化学家的非常重要的经费支持；他还使兼具高级训练功能的集体研究的意识形态适应了实验科学，而这种研究是新创建(或改革后)的德国大学引以为傲的东西。

“研究”作为大学的主要目标是那时的一种新思想。我们在后面将看到，它的早期实践者并不是自然科学家，而是分析古代文本的语言学家，或数学家(Olesko，1988)。在法国占领后改革或创建的德国大学，强调把语言和**文化**作为那许多“德国”邦国的共同特征，有时还将它们与法国的分析对立。法国人强调专业教育，德国人却在教师和学者团体中强调宽博的“学问”——目的是既创造知识又培育人(Shaffer，1990；Turner，1971)。李比希得以将创造新知识与培养职业者**结合**，到19世纪40年代他已是公认的欧洲化学大师。当年轻同行和学生涌向新的理论问题时——例如，如何进行新的化合物分类，李比希却建立了他与实践世界的长期联系。他出版了论述化学在农业、医学和工业中应用的书(Turner，1982)，而他的学生成了这些领域的顾问。大致说来，他们的工作是分析的——这个化学纲领及其后续成果也许构成了19世纪在实验科学中最大的投入。

不难表明，“化学”、医学和工业技术之间的长久的相互作用已经被分析的新理解和新实践改变了；或者，国家对法国的优秀化学家的资助、对德国的大学的资助、对如采矿和火药制造这样的共有的国有企业的资助，所有这些都给新化学家提供了资源和刺激。在英国，他们主要依靠苏格兰的大学和教育特别是技术咨询的自由市场。到19世纪中期，英国的分析化学家能够靠在他们的私人实验室做咨询工作，并可能在地方医学专科学校或“机械学院”(mechanics' institute)兼职教学而维持生活(Russell, *et al*., 1977；并参阅 Russell, 1996)。**药物**教育和实践的改革似乎在几个国家已经特别重要(Hufbauer, 1982)，而与此同时，在高等职业教育的环境中出现了其他形式的分析。这对于工程，像对于医学一样很明显，特别在法国。

分析对于工程师

工程和数学自古以来就相互联系。几何，除了是宇宙的完美形式的一种线索以外，还是测量人员的一种工具。如果说地面力学在文艺复兴时期与天体力学紧密相联而创造成为一门分析科学，那它部分是因为学者和负责防御工程、弹道学等实践人员之间的相互作用。但是在科技医的其他领域，分析方法达到的范围却有限，而许多工程知识还继续处于博物学和手工业诀窍的水平。

在18世纪中期，当法国政府建立了一所军事工程学校时，还没有任何意见一致的课程和一套固定的教学方式。正如吉利斯皮很好地表明的，这所学院是一种集合的学徒学艺，包括数学和力学。但是渐渐地，教师负责了教学计划，建立了基于以前课程的一个课程提纲，引入了课堂练习来补充讲课，加之用测验来测试学生对每门课程的掌握(而不是仅仅服务于获奖)。所有这些教学方式，我们看起来是如此熟悉，以致我们需要被提醒还有它们并不存在的一个世界，以及它们发明的环境(Gillispie，1980)。

在工程教育中的这些开端，由热衷于铸就事业和名誉——培养优良的工程师，但是做科学工作以使他们自己获得声誉——的年轻教师推动。教科书服务于他们的学生，但是也会被培训机构内外的其他工程师使用；它们可以作为科学论著，但是也用作"远程学习"(Picon，1992；1996；Weiss，1982)。正是在这个环境中，蒙日(Gaspard Monge)及其他人建立了一系列对于直到今天的工程教育都极其重要的方法。他们加深了文艺复兴时期对分析学科的理解，包括后人作为"工程绘图"学习的"投影几何学"。这样的绘图在工程实践中变得非常重要，但是它们对于教学机构也具有另外的意义——有助于将更大规模的机器和建筑物带入院校。很大程度上由于同样的原因，像医学专科学校这样的学校开发了**多种类型**的机器；博物馆成了这种实践职业教育的一部分。大型机器和像桥梁这样的民用建筑使用了比例模型——无须出行就可以获得替代的经验，有利于比较，有助于清楚相关机器的关键特征。

但是，如果将机器收集起来并进行比较，那么比较的框架是什么呢？ 它会是**功能**、比较不同种类的驱动者吗？ 这样的分类已经在当时的某些解剖博物馆中[如伦敦的亨特(John Hunter)解剖博物馆]应用，并且它们仍然是技术博物馆的主要原则之一。但是你能解剖机器(像解剖尸体一样)并找出其元素——构成所有其他机器的"简单机器"——吗？ 对这个问题的兴趣在文艺复兴时期的力学中很明显：伽利略(Galileo)写到了轮、标杆、螺钉等更复杂的机器的简单组件；但是在工程中，像在医学中一样，正是在1800年前后的几十年中第一批系统的著作出现，它们将机器分解成基本的组成部分，并将随之而产生的机器分类作为工程理解的一种权威形式。

被认为影响力很大的一部著作的作者是一位年轻的法国人兰茨(Jean-Marie Lanz)和一位西班牙人贝当古(Agustin de Betancourt),后者主管了为在马德里的一所新专科学校建造数百个模型的工作。我不知道贝当古在多大程度上利用了当时其他的科技医,或者利用了当时流行的、作为一种普遍方法的分析,但是这样的比较对于德国邦国中先进的技术教育的一位奠基者来说是明显的(Perez and Tascon, 1991)。在19世纪中期,勒洛(von Reuleaux)显示了其机器分析和比较解剖之间的相似性;其次他也显示了与化学的相似性,并因此导致了他通过与一致同意的化学元素的分子式的类比而设计一种“机器元素”的命名法。像在化学中一样,这种命名法的一个功能是发明可以被**合成的可能的**复合物(Reuleaux, 1876)。

到那个时候,机器分析(及投影几何学)已经成了德国技术教育的支柱。它们对于那些教师特别有用,即那些想断言高等技术教育虽是实践的但也是具有传统的**大学**学科应具有的严格性的教师。在某些这样的专科学校中,具有标准化形态的机器元素,由学生组装并因之发展出“分析的眼光”。

分析和“物理学”

物理学史家常常将19世纪的物理学看作自然哲学和数学、而不是新化学或工程学的延伸,但是看法正在发生变化。考查19世纪有多少实验物理学家是作为化学家被训练是有价值的。[5] 卡德韦尔(Donald Cardwell)及他曼彻斯特的同事表明,英国的“能量”研究在很大程度上归功于工程师(Cardwell, 1971; 1989; Pacey, 1974),而近期史密斯(Crosbie Smith)和怀斯(Norton Wise)更继续了这种研究，他们研究了汤姆生(William Tomson)，即开尔文(Kelvin)勋爵，在格拉斯哥大学和在这个英帝国第二大城市的实业家和船舶工程师之中的生涯(Smith and Wise，1889)。正是在法国大革命后，为培养军事工程师而在1793年建立的综合理工学院(École Polytechnique)的毕业生们在约1830年**建立了**法国的物理学(Fox，1992；Geison，1984；Gillispie，1980；Shinn，1980)。也许我们应该更重视工程传统——不仅是因为将机器分析为组件，而且是因为分析了“元素”通过机器和“自然界”的“流动”。这里的元素是“机械作用”、“力”、“热”，或者后来的“能量”；最重要的机器是蒸汽机。[6]

我们对第一台实用蒸汽机的发明所知甚少，它是由纽科门(Thomas Newcomen)为将水从科尼什锡矿泵出而设计的。18世纪后期的改进，特别是分离的冷却装置是由瓦特(James Watt)完成的，瓦特是格拉斯哥大学的仪器制作者，他为布莱克(James Black)工作并了解他对热的研究。布莱克通过阐明“潜热”和从温度分离出“热量”而大大地推进了热的分析，这对瓦特很有利(Basalla，1988；Cardwell，1971；Donovan，1975；Hills，1989；Jacob，1997)。

正是综合工科学校创立者之一的卡诺(Lazare Carnot)，给出了在机器中的“机械作用”的基本分析。相关的问题是“力”通过一套(例如)齿轮和杠杆传递怎样做到效率最高。卡诺表明，当这种传递是无摩擦的且各部分没有震动时效率最高；在其《论一般机器》(*Essai sur les Machines en générale*)中，他专注于机器所做的“功”(Gillispie，1971)。大约在同时，在工业革命中成为关键人物的英国工程师们强调“机器功率”即“功率”作为新的蒸汽机所做工作的测量标准。此后，我们可以追踪这两种“民族传统”直到19世纪中期的能量学说。在英国，实践工程师及其哲学合作者思考不同种类的机器的势能；工程师的正规教学直到世纪中期几乎不成为问题(Buchanan, 1989; Cardwell, 1957)。在法国,一系列研究者(他们受综合工科学校的数学和分析技术训练)创造了新的学科,这表现在教科书和递交给巴黎的科学院的论文中(巴黎**不**是主要的工业中心)。

在法国,卡诺之后的一代[包括他的儿子* 萨地 · 卡诺(Sadi Carnot)]创造了机器中热流的数学分析。他们使用了傅里叶(Joseph Fourier)创立的数学,傅里叶是综合工科学校的毕业生,他反对科学院的拉普拉斯(Laplace)及其同事用以将牛顿的分析扩展到所有物质粒子间而形成一般引力理论的"微观物理"模型。相反,傅里叶的"热理论"本质上是宏观的、几何的和实用的——工程师从机器**外部**的观察,机器能够**做**什么的评价(Grattan-Guiness, 1981; Grattan-Guiness and Ravetz, 1972; Smith, 1990: 328)。

相反,英格兰在19世纪早期几乎没有工程方面(或化学方面)的职业教育。技术分析和哲学分析主要发生在苏格兰、伦敦和曼彻斯特的"学会"中,在这些学会中,具有分析口味的专业人士和趋向实践的教师非正式地并通过出版物相互影响。制造和操作蒸汽机的工程师关注蒸汽机的"功率"或马力——它们驱动泵或机械的能力以及因之产生的经济效率(Morrell and Thackray, 1981; Smith, 1998)。在熟知"功率"的工业城市曼彻斯特,我们可以追踪这些关注点直到19世纪40年代焦耳(James Prescott Joule)的工作,焦耳将对效率的考察延伸到新的电动机,我们将热功当量原理归功于焦耳。

从行业来说焦耳是酿酒师,从倾向来说他是谨慎的研究者;政治上,他是激进自由党城镇中的保守党。在作为道尔顿的学生时,他培

* 原文记为"侄子",有误。——译者

养了科学素养。道尔顿因以原子观点解释法国的化学元素而蜚声世界。通过与道尔顿朋友的接触，以及参加曼彻斯特文学和哲学学会的聚会，焦耳熟悉了发动机效率问题，熟悉了研究该类问题的“模型化”机器传统。他的经典实验由公众对“电动机”的热望引起，电动机在19世纪30年代被吹嘘为具有无限的速度和功率输出。焦耳表示怀疑。他建立模型电动机，用来测量电池中一定量的锌所产生的“功”。(所有这种技术都很新。)他得出结论，实际上，电力与在蒸汽机中烧煤的收益相比更贵。他使用一个“桨轮”浸入水中通过旋转而产热，继续测量机械作用与产热的关系。在所有这些实验中，焦耳测量相互关系，假定“力”或“作用”不会消失，仅仅是转化为某种其他的形式(Cardwell，1989)。

当“自然哲学”的改革者引入法国方法时，这两种传统在英国走到了一起。在英国数学之都剑桥，法国方法对于1830年前后的复兴运动极其重要，这个运动由对工程和工业感兴趣的年轻毕业生引领。后来成为“工业哲学家”和原始计算机发明者的巴贝奇(Charles Babbage)很突出，但是却主要是在格拉斯哥，新的数学遇到了新的工程学。这个当时英国唯一拥有一所大学的工业城市，在1840年设立了一个工程学教授职位，6年之后任命年轻的数学家和实验者威廉·汤姆生，即后来的开尔文勋爵，为自然哲学教授。威廉的父亲是数学教师；兄弟詹姆斯(James)是格拉斯哥大学工程学的学生，后来成为伦敦一家造船所和轮机制造厂的工程师。威廉在剑桥学习数学，后与巴黎的勒尼奥(Victor Regnault)一起工作一段时间，后者是从化学家转行成了物理实验者，他教授高级测量技术，并对压力、温度和比热之间的关系进行了深入研究；他的数据被简化成工程师使用的“表”——一种特有的(分析的)实践指南。汤姆生在22岁时任职于格拉斯哥，他也着重研究蒸汽机，并与电动机进行类比分析。电动机消耗的即吸收的功依赖于电势差，正如它依赖蒸汽机的汽锅和冷凝器之间的温差，或者对于水车的落差一样(Smith，1990；Smith and Wise，1989)。

这个关于热流的理论，是基于焦耳根据形而上学的理由而反对的法国人的分析:法国人似乎允许“力的湮灭”，而对于焦耳来说，这是一种只属于上帝的力量。焦耳已经提出“力”转化为热。汤姆生到1851年通过“能量守恒”原理得以协调这些观点。尽管众所周知，其他科学家通过其他方式得出这个原理(Kuhn，1977a)，在这里我还是要强调，最近对法国和英国重要传统的最好阐述表明，将“能量物理学”看成是基于工程学分析似乎有道理；自然原理可源自机器。但是怎样制造和理解生产机器；什么样的分析有助于**生产**它们？ 工业革命的工厂以什么方式成为分析的东西？

合理化生产

现在回到本书的导论中我给出的认识方式和制造方式两者关系的观点——特别是分析和制造业生产合理化之间的关系。也许，我们可以将工业革命视为从近代早期的时间和空间分割的分析实践延伸到近代的劳动分工的分析实践。可以论证，机械织布机与织布的关系和时钟与天体运动的关系是一样的——一种分析的物质化。

在这里，我们可以跟随卡特赖特(Edmund Cartwright)，他是一位教士和自然哲学家，在工业革命早期发明了机械织布机。对于他来说，自动织布机不仅是具有吸引力的经济事项，而且也是一个哲学挑战：仅当他能够机械化织布时，他才能确信自己理解了。通过将这个过程分析为简单的人的动作，他能够用机械动作替换，这些机械动作共同重构这个过程(O'Brien, Griffiths and Hunt, 1996)。这样理解，织布机就不仅属于时钟的世界，而且属于自动机的世界，自动机使18世纪的上流社会着迷——他们加倍地附魅解构的、祛魅的分析的产品。

但是，重要的是，“合理化生产”并不必然“机械化”，因为不是所有的“机械”都由金属或木料构成；它们可以由**人**构成，人也仅仅是构成组件。确实，可以论证，人的机械化在历史上先于构造无生命的机械。芒福德很久以前就在一篇影响很大的、论述“独裁和民主手段”(Mumford, 1964)的文章中提出，建造金字塔的各组奴隶可以看作机械化生产的先驱。亚当·斯密(Adam Smith)对18世纪英国生产力增长的经典分析不是求助于新的机械，而是求助于工场里面的“劳动分工”；从他的《国富论》(*The Wealth of Nations*, 1776年)中引述一个有关针的制造的著名例子，在不同的工人之间进行任务划分，能够使每一个任务完成得更加有效。确实，这里有机械化的基础；但是从某种意义上说，已经完成了关键的一步——生产过程的元素已经分开，每一个都发展为一个组件的唯一的工作，而这些组件已经被组合来形成一种生产机械，这种生产机械反映并扩大了曾经由单个熟练工匠完成的工作(Babbage, 1832；Berg, 1979；1980；Marx, 1967)。

由于这样的原因，我们应该使用“合理化生产”(而不是机械化)来作为“制造”的一种基本“类型”，使其元素通常可以或多或少机械化。这种生产的合理化，从工业革命工厂到福特(Henry Ford)生产线，到吉尔布雷思(Gilbreth)和泰勒(F. W. Taylor)的“人类工程学”和“科学管理”，都处于过去两个世纪“工业化”的核心。[7][尽管这样，我们也应当记住，旧的和新的手工技术也不可少——如机器制造或大炮保养(Braverman, 1974)。]机器与人的无情分析和标准化已经成为现代制造业以及更普遍的现代社会的悲惨图景的核心。

合理化和同一性

但是如何将我们在本章开头的“科学”分析与现在讨论的“技术”分析联系起来呢? 如果说卡特赖特分析了织布者的动作，或英国农场主贝克韦尔(Robert Bakewell)分析了羊躯体令人向往的性质的话，[8] 他们只是为系统的讨论和改进提供了框架，并没有因此而建立新的“科学”，不像拉瓦锡确立新的化学元素，或者比沙(Xavier Bichat)(我们将看到)确立人体的组织。

他们同时代的人怎样看待那种区别，以及我们觉得它怎样，值得比我能够对此任务所做的更多的注意。也许实在论哲学家已经表明“元素”是怎样成为“实在”而不仅仅作为工具。当在哲学上显得确定的某些元素，如“热”即“卡路里”，后来成了仅仅是更物质的元素的“属性”——热不是“质料”，而是其他种类分子的运动——时，这个问题更加复杂了。从19世纪末开始，即使熟悉的化学元素也失去了其专一性。原则上，在特定条件下，人们可以找到例如几种磷；每一种化学“元素”已经成为了一簇“同位素”，即一种亚原子粒子阵列中的一系列可能结果。

这种从一“种”到一“系列”的转化可能对工业显得遥远，但是实际上，它也是生产合理化的一个重要方面。这里，我最初的指导是一篇探讨对法国从18世纪到19世纪早期纺织品的理解的文章。在与我的关于手工制品和博物学的一般论点相似的一个很好的例示中，雷迪(William Reddy)表明，纺织品生产地方行会系统要求地方布匹具有特定规格。这些印刷成书，读起来像博物学著作，却由一名检查员完成。尽管随着不受控制的、行会外生产的兴起，这些说明失去了应用价值，但是它们还是继续制定，没有更好的办法(Reddy, 1986)。只是在工业化开始以后，一种新的书籍印制了；而这些是关于生产而非特定产品的，关于机械化纺织，关于机械的能力和通用性。当然，有关产品的信息在法国像在英国一样仍然可以得到，但是以商品目录和样本书的形式(显然是植物区系名录或压制植物标本的对应物)出现。从某种意义上说，特定产品已经成为机械能够实现的可能结果的网格上的点(或组)。

我们可能注意到，在繁殖纯种动物和被设计来获得新组性状的更实用的育种形式之间的类似对立。[9] 在英国从1750年开始，牛和绵羊在育种人员寻找有销路的性状和更快的生长时发生了很大的变化。贝克韦尔说，绵羊是将草转化为钱的机器；它们可被重新设计使得做这样的事情更有效。家养动物的新变异为达尔文和他的同时代人孟德尔(Gregor Mendel)所熟知。孟德尔是摩拉维亚的修道士和科学教师，他于19世纪60年代发现了在植物性状遗传中的数学比例。事实上，自然选择的进化理论和孟德尔在遗传方面的工作都表明，它们是建立在这种育种技术转变上的(Desmond and Moore, 1992; Orel, 1984)。

在所有这些例子中，“物种”——不管是人造的、化学的还是生物学的——丧失了它们的某种“注定性”，而呈现为一个阵列上的点(或集)。在我看来，它们从博物学转移到分析和合理化生产。但是须注意到，纯种动物像葡萄酒和豪华品牌一样仍然是准种。

生产和分析科学

从这个生产和产品的讨论，呈现了一幅能够补充我们对分析的认识方式进行的说明的图画。我们可以看到，生产过程（无论是机械的、生物的还是人的）的“技术的”分析与“模型”状态的“哲学的”分析并行。“技术的”在这里指直接的技术分析——如通过测试水车、测量化工厂的副产品，或者记录家畜生长的速度。在所有这些情况下，应用研究者寻找能够指导理解和改进的规则。医院的药物统计实验如果在“吃下药然后观察”的基础上进行，那么也就落入了同样的类别（Matthews, 1995）。

更多“哲学的”研究者力图发现在自然和人工现象背后的稳定“元素”——通常是在特殊的环境中寻找它们，例如在实验室中，实验室中的现象可以简化、分解和更容易测量。这些元素包括化学家的元素、躯体的组织（以及最后，孟德尔的遗传单位，后成为基因）。这样的元素然后可以用于阐明生产过程——虽然将原则上的分析与实践中的操作联系起来常常不容易，但是许多工业过程还是继续按照“技术的”经验原则——即按照博物学和手工艺——操作。

因而，如果这种对分析的分析具有说服力，那么我们就可能需要改写物理科学史以便给予世俗的实践特别是工程学更多的重视。物理学和工程学的历史关系确实可能会像生理学与医学的关系，或者像化学和重工业的关系。在所有的情况中，“科学”提供一种用以分析健康或不健康的“工作机制”的语言。这些分析语言对于“顾问”和某些教师至关重要，他们靠解释和例示这些原则为生，特别是在法国和德国的高等职业教育机构。在这些“学问场所”，分析优先于手工艺（Layton, 1971；1974）。

这样的分析对于从业者也很重要，特别是当有“困难”时。但是，尽管顾问分析者提供了诊断和建议，他们常常并不“产生新的实践”。在“实践场所”，如工厂和英国教学医院，从业者常常根据

"经验"操作；分析在那里为敏锐的年轻人所用，或者是在特定情况下为受邀请的顾问所用。

在私有工业，特别是在英国，有资格的化学家主要作为顾问。通过分析工业过程的投入、产出和副产品，他们能够节省大量费用，如卡内基(Andrew Carnegie)在他的钢厂中的发现(Mowery and Rosenberg，1989：28—34)。许多分析化学家是自己经营，他们是典型的"自由的"科学专业人员(Russell，1977；1996)。但是到19世纪末，在他们帮助促成的工业强制实施和公共卫生立法中，他们也为政府工作。在《英国制碱法案》下的第一个"污染"检查员是史密斯(Robert Angus Smith)，他是曼彻斯特的一位化学家，当时以发现"酸雨"闻名。[10]化学家也是处理专利争执的重要专家。在所有的这些角色中——改进生产、评估污染、制定规则——化学家主要行使**分析者**的功能；而且通常这就是在化学教育机构中所教授的东西，包括专科学校特别是在德国开始出现的技术化学课程。

机械和土木工程也提供了做顾问的机会——评估新的桥梁和水坝，或者评估标准化汽锅(Buchanan，1989)。一些工作是为相关的公司，一些是为政府，一些是为保险公司。举一个重要的例子，汽锅爆炸的破坏性后果刺激了对安全性的专家分析的需要，而保险条例在建立可靠的安全标准中扮演了重要角色。这样的角色将机械工程师带进了立法事务。土木工程师长期以来提供修筑桥梁、运河、铁路和水库的方案咨询，而这些方案常常需要议会批准。

我们将在后面章节讨论"电工技术"的发展，但是在这里可以指出，电气工业在该世纪末的迅猛增长部分地依赖于电学分析和标准化的新技术，依赖于足够强大到在实验室以外工作的仪器，依赖于能够诊断与修理电路和电机的技术人员。这些是在新的专科学校和在为满足这种需要并(或)从这种刺激中获益而像雨后春笋般发展起来的大学物理学与电气工程系中教授的技术(Fox and Guagnini，1999：第3章)。(同样的情况许多也许可以说适用于几十年以后的电子工业。)通过将大多数化学家和顾问工程师看作分析者，我们理清了他们的角色、他们的社会关系和他们的共同特征，我们就准备好了认识直到我们现在的这些活动的巨大的重要性。

我们将在第七章重新讨论分析和工业，但是我们现在转而讨论医学和生命科学中的分析，以及大地和社会科学中的分析。我们再次退回到17世纪，然后集中讨论在1800年前后几十年中的相关专业人员——此后我们都遵循这些模式直到20世纪。

第五章　身体、大地和社会的元素

到医院实验室走一圈，数一数检查人体元素的方式——通过尸体解剖或显微标本，通过血液和固体组织的化学分析，通过抗体的免疫试验，通过心电图、脑电图等电传感器，或者通过从 X 射线到磁共振扫描器的成象技术。200 年以来，我们一直在寻找分析人体的新方法（Amsterdamska and Hiddinga，2000）。[1]

本章探讨这些分析形式的谱系，探讨相关动植物的结构、过程和形态的分析。本章也包括地学和约 1800 年创立的社会科学。它补充了前面一章，它们共同描绘了从 18 世纪后期产生的科技医的大量重建。在本章末，我将探讨可以对这些创造及其影响获得某些**解释**的方法。

医学分析：尸体和患者

重大的公开解剖活动是文艺复兴以来的学院医学的亮点。起初，它们用于说明希腊人对人体如何工作的理解；它们例解与亚里士多德和盖仑(Galen)相关的古典分析传统——构成人体的体液、在食物转化为静脉血过程中肝的中心作用，以及在“活气”从肺到动脉血的传输中左侧心脏的中心作用。它们成了对人体构成的探索，这种探索是一种揭示了具有许多包括充满水样流质的淋巴管——人体的河流——等新特征构成的博物学。但是解剖学也与对部分古典分析进行的根本修正相联系。正如在行星天文学中太阳取代地球成为世界的中心一样，相应地，通过英国医生哈维(William Harvey)的证明，人体器官的关系被颠覆了。在哈维1628年的《论动物心脏与血液运动的解剖学研究》(*On the Motion of the Heart and of the Blood*)中，心脏成为中心，泵出血液环绕身体循环，而以前认为血液从其来源地肝脏缓慢渗入到肌肉，给肌肉以物质材料。但是这个循环的目的是什么？缺乏适当的答案，是将研究限制在“**事实**”而不是希腊传统的“目的”的一个原因(French，1994；Pomata，1996；并参阅Cunningham，1997)。

正如在物理科学中一样，这种对古典分析的根本修正促进了许多研究，以及，虽然这个发现源于一种亚里士多德的传统，但是这种重新构建的有机体常常表现为机械的；笛卡儿有一本著作，论述人体是一部机器，其中心点为心脏，它是一个泵。尽管机器类比在分析肌肉和骨骼的作用方面是富有成效的(Cook，1990)，但是在医学方面的成效总的来说较小。虽然某些解释改变了，但是医学实践大多保持不变；其形式还是生活的和博物学的。

到了18世纪中期，生理学如同化学和显微学，将人体分析为运动中的物质的尝试失去了势头。相反，研究者开始检视生命物质的普遍特征，有时是当它们出现在如珊瑚虫或水螅这样的“最简单的生命形式”中时，珊瑚虫和水螅在18世纪用于研究，很像变形虫在19世纪和20世纪早期用于研究（Canguilhem，1975；Delaporte，1994；Jacob，1988；Roger，1971；Schofield，1969）。正如在物理科学中一样，研究者开始寻找**特定领域**的元素，而不是假设**整个自然**的始基是机械的，或者古希腊的元素。在创建新的生物医学、地球科学和社会科学中，与本书最后一章将讨论的科学一样，技术专业的追求是十分重要的。

到18世纪后期，解剖学已经成为外科医生的科学。优秀的外科医生，或个人或合伙地将资金投进解剖博物馆的“文化资本”，这些博物馆常常具有传授解剖学知识的解剖室。在大多数欧洲国家，前沿的外科医生的地位接近内科医生——不仅因为解剖，也因为使用公立医院进行外科手术，且证明对军方有用，并普遍通过作为“实践者”对不断增长的中产阶级具有吸引力。随着他们影响的增加，特别是在医院行医中，他们扩大了对疾病的更多解剖学的理解（Fissell，1991；Lawrence，1996）。但是，因为外科医生通常还是隶属于内科医生，他们的解剖学方法仍然在基于不管是体液的、纤维的还是神经的全身紊乱的博物学的、生活史的医学的统治下进行。更一般地说，由外行主管对英国慈善医院、由宗教团体对法国公立医院实施控制，这使人确信对个人的关心通常先于对知识的获取（Risse，1999）。

正是在法国，作为大革命的结果之一，至少在一些重要的教学机构中，权力秩序倒了过来。政治变化快速而深入，医疗（及科学和技术）制度的变化也同样快速而深入。旧的权力结构（包括巴黎医学院）被一扫而空，对文学和传记形式的古典医学的支持也随之而去。追求被释放出来——追求一种**统一**内科和外科的医学；追求一种由最权威的人教授最有前途的人的更实践的、更多外科的医学；追求对活着的与死去的住院病人的医疗控制。

在大革命以前的巴黎，救济院由天主教修女管理；就在圣母院大教堂附近的主宫医院，数以千计的穷苦病人被护理着死去。一些著名外科医生在医院工作，并且他们尝试利用住院病人对学生和徒弟进行系统的教学——但是修女们抵抗这种打扰。然而，在大革命后，教会权力削弱，医生获得了对医院运转的控制。他们能够根据疾病安排病人，在病房上课，利用学生做助手，对死去的乞丐进行解剖。正是在这些"医疗化"的救济院里及其周围，分析医学才被发明，并且组织才成为身体的新元素(Gelfand，1980；Risse，1999；Vess，1974)。

这些发明者是与新的卫生学校(后来的医学专科学校)有联系的教师。这所学校由大革命时期的政府在1794年建立，当时政府面临医术平庸的诸多抱怨，并且正在与欧洲其他国家作战的应征部队也极需医生。著名外科医生、内科医生和医疗改革者被征募到新学校充当师资并设计课程。起初，他们临时准备应付急需；后来他们设计了一个课程表，将疾病的解剖学含义作为内科医生和外科医生普通训练的基础内容。学生和教工通过竞争测验而被选择，并由政府资助。这个机会令人非常兴奋——一次引导医疗改革的机会。巴黎成为医学生和研究者的世界中心(并且保持这种地位达50年)。在医学专科学校中，正如大革命后的军工学校中的工程学，分析的梦想现在与实现它们的资源汇合在一起了(Gelfand，1980；Duffin，1998；Maulitz，1987；Risse，1999；Vess，1974)。

这些医院提供了许多尸体，年轻的外科医生解剖了数百具尸体。医学生常常参观自然博物馆，学习比较解剖学；他们知道法国化学家特别是拉瓦锡最近的成功；他们也阅读哲学，哲学那时叫作**观念论**(ideology)，目的是提供观念如何形成和如何使用的科学说明。作为一门人的科学，观念论有时被看作是医学的一个分支，并教导分析作为一种认识方式的重要性(Albury，1972；1977)。

我们知道，最聪明的年轻外科医生比沙想把他的“组织”作为普通解剖学的元素。它们是基础结构，每种结构用肉眼观察是同质的，它们构成人体；22 种组织常常被列举出来，包括骨骼、骨骼肌、肝，等等。这个概念并不是全新的：亚里士多德的著作中就包含了异质结构和同质结构的讨论，并且英国的某些解剖学家已经注意到膜存在于许多种不同的器官中，但是比沙对这些问题进行了概括并给出了系统的答案。他列出了这些组织，探索了它们的“敏感性”和“收缩性”，以及它们对化学试剂的反应。他还研究了它们病变的方式(Haigh，1984；Pickstone，1981)。

正是在**病理**解剖学中，组织在医学上最有成果，它们提供了**将疾病看作病变**的一个参考框架。病人尸体能够进行系统的检查，以发现哪些组织病变以及怎样病变。这种身体的新的蓝图证明是有益的，因为在某个器官中的病变常常局限于特定的组织，例如，心包炎——心脏表面的膜发炎。或者发炎可能发生在不同器官的相似组织中——有时是因为组织系统的连通，如淋巴管或血管的连通(Maulitz，1987)。在整个 19 世纪，分析组织病变是医学的一个主要内容；在大城市医院中，“病理学家”逐渐全日制受雇，从事解剖和教学。从 19 世纪 30 年代起，显微镜开始使用，不久以后，我们在下面将会看到，就可以以其组成部分**细胞**来分析组织和病变了。我们已经看到，新化学能够应用于医学，用来分析正常的和病变的液体和组织。因此，现在开始看我在本章导论中提到的那些多种分析方法的谱系。但是，巴黎教学医院的尸体分析有了进一步的延伸——延伸到活着的病人的临床检查。

当疾病仅仅是平衡扰乱时，在体内寻找它们，与今天在一个经济系统里寻找恶性通货膨胀的发生地一样不理性。但是，如果疾病是病变——如组织发炎——则原则上就能够**找到**它们。也许它们在患者死前就能够被定位和判断；患者就可以在死亡前被分析。当然，向学生演示组织分析的巴黎的医院也进行听诊（“听”胸），后来用**听诊器**——在患者身体与医生耳朵之间的一根木管。通过传输的声音，医生能够“看见”患病的肺或心脏；医生被训练成将传送的声音与在尸体解剖时发现的病理相关联。因而临床检查开始采用大家熟悉的形式。在19世纪的教学医院中诊断是一切；而治疗只是附带的内容。在旧大陆的大医院中的医生常常怀疑惯常的疗法，倾向于让疾病“自然消失”——在这种情况下，病理模式会更清晰。

医学组织的分析分支很广阔。一旦疾病是特定的（解剖上和**部位上**），医生就可以合理地专攻特定的器官系统。这是19世纪许多专科医院——专治眼部疾病，等等——的基础，这些专科医院常常遭到普通内科医生和普通外科医生的抵制，但是却受到渴望控制部分医疗市场的、有雄心的年轻人的推动。在英国，这样的探索者常声称在巴黎受过训练，因为在巴黎医学教学非常分化，以致提供了专科知识发展和传播的广阔舞台（Granshaw，1985）。并且，如果疾病已经是特定的并清楚定义，你就可以在医院病房中“一起”医治它们，并对不同疗法的量化功效进行比较。巴黎医院的这种“数值方法”，尽管不是完全没有先例，是20世纪发展起来的提供医学中功效计量的医院统计学的基础。统计分析建立在医院中（也在“公共卫生”中）病理分析的基础上（Matthews，1995）。

分析的医学替代物

到目前为止，我讲了一个医学中的分析发展的单向故事，好像（某些）教学医院的分析医学就是整个故事。确实，医学史常常以这种方式呈现——“医院医学”替代了“床边医学”（而“医院医学”又被实验医学替代）。[2] 但是，这是一种引起误导的歪曲。考虑到认识方式和制造方式，可以有一个对于医学和其他技术更加复杂的、政治的和有益的故事。

正如我在前面章节里试图强调的，博物学医学或生活的医学，即使在教学医院里也并没有**被取代**。在大革命后的几十年中，法国许多医院主要还是继续实施一种生活的医学。在英国，实行医学教学的慈善医院对它们呈现为解剖和“实验”地点保持谨慎态度，因为害怕遗体解剖在1830年前后的英国广泛流行，并且尸体的“复活”是极大的丑闻，即使在伯克(Burke)和黑尔(Hare)被发现为爱丁堡解剖学家“制造尸体”之前(Richardson，1988)。无论如何，英国医学在整个19世纪由以私人行医获利为主要满足的内科和外科医生主导。他们并不把自己看成医学科学家；他们传授床边技术，这些技术在其门徒开始普通医生(并将疑难的、富裕患者的病例送到他们年老的师父那里)的生涯时将会有用。这个系统作出的病理发现比例没有旧大陆大教学医院大，但是它能很好地为城市贫民提供较好的医生和较好的医护。

在维多利亚时代的英国，常常由年轻人而不是已成为专家的医生从事“医学科学”，这些年轻人热衷于赢得教师的名声，或者通过展示他们的发现或传入大陆的知识而给专业团体留下印象。他们渴望成为(手工艺和博物学的)“经验”世界中的“分析者”。到该世纪末，少数这样的想当医学科学家的人，已经在医学专科学校中获得了付薪的解剖学家、生理学家或病理学家职位。他们包括细菌学的先驱。细菌学是医学分析的一种新形式，由公共卫生(一种独特的技术分析和社会管理的纽带)[3] 医生从事。这些医学中的“科学家”力争使医学专科学校更像科学学院，包括全职的临床教授职位；并且，他们统治了在第一次世界大战前夕由政府建立的医学研究委员会(MRC)。他们利用医学研究委员会在医学中推进标准化(及实验)，但是直到20世纪中期，他们的工作方式才在优秀的临床医生中占据主导地位。在推进更加分析的、实验的医学的长期活动中，他们利用了旧大陆的例子，然后是美国的例子。

在澳大利亚和德国，某些大城市教学医院(维也纳，接着是柏林)从19世纪早期开始就已经是分析的大本营(Duffin，1998)，但是，大多数医学院位于小乡镇的大学中。即使他们想采取“大量的”病理解剖，他们却不能得到所需病人的有效数量。事实上，在19世纪早期，德国的许多医生不是在大量解剖中而是在对个体患者越来越详尽的检查中看到了前途。在强调“发展”——胚胎发展、生命发展或社会发展——的文化中，在患者的传记中记录疾病的发展，既是智力上的满足，又是一种教学实践方式。在19世纪后期，随着实验生理学的兴起，实验室方法可以适应这些目标。生理学医学可以是比巴黎和维也纳的病理学更个体的、更少“博物馆学的”(Tuchman，1993)。

美国的医生利用欧洲所有的这些传统。在19世纪早期，许多美国人已经在巴黎学习，特别是学习解剖学和外科学；后来，医学生大多去德国的大学，去学习病理学、生理学和细菌学。到世纪末，回国者得以创造一些医学科学家的全职职位，甚至是临床科学家的全职职位。由洛克菲勒(Rockefeller)和卡内基(他们的代理对科学的印象很深)这样的大慈善家支持，这些回国者在一些东海岸城市创立了德国式的系和医院。这种模式在20世纪迅速传播，通过对医学院准入的限制部分地提高了医生的地位；并且约从1910年，美国人开始在英国推广这种模式(Warner，1991；1994)。

但是，在所有的国家，只要医生处理单个的病人并帮助指导其生活，生活医学就必然继续构成行医的一部分。即使在最不带感情的旧大陆教学医院，也记录病例病史，即使仅仅是用来核查体检结果；在病人付费治疗的地方，没有任何医生能经受得了太过细致的分析。年轻的美国医生被警告**不要**将他们在巴黎的救济院里看到的医患关系带回来；从医院的尸体解剖中获得的新知识可以很有用，但是它从属于对单个的、付费的病人的考察(Warner，1985)。

我们看到，分析医学和博物学医学之间的关系一直是复杂的、动态的和依赖环境的(像它们在科技医的其他种类中一样)。在 20 世纪，当分析方法进一步发展时，有些医生反对，提倡回归到床边医学，即回归到一种更加"整体的"的研究方法或回归到"疾病的博物学"的研究。这些运动在两次世界大战之间的所有主要国家中有重要意义，而且从第二次世界大战之后，我们已经看到又有强调普通行医的"生活的"方面，包括身心层面和心理社会层面的努力。

这种辩证法是必然的和健康的(Lawrence and Weisz，1998)；在所有的实践活动中，形式分析的主张和很难表述的"经验"的主张之间会有张力；除了在医学中，我们在工业和农业中也看到这样的张力。"认识方式"的优点之一就是，这样的问题可以看成是相对"跨领域"的，因而我们可以从更广泛的其他例子中学到东西。

在下一节，我们回到 1800 年前后的巴黎，来检查生物科学中的分析，但是请记住这些，从其起源到我们现在，常常与医学紧密联系。

分析植物和分析动物

国家自然博物馆曾是皇家植物园(和动物园)。因为博物学很受大革命政府的推崇，以及那些负责人在政治上的精明，皇家植物园并没有随同其他旧政权的皇家机构一起被废除。相反，它被“国有化”，其成员因任命新的专家而增加，政府希望这些专家形成一个教授共和团体，各自负责自然界的一部分(Spary，1995)。结果却并不是这样。到1800年，居维叶至少在其动物部分，统治着这个机构；我们将会看到，他率先进行动物的结构—功能分析，尽管他的同事支持很不相同的方法。

作为一名馆长教授和巴黎科学学会一位影响力正在上升的成员，居维叶的工作旨在使他的领域严格——使其有序，但是也旨在显示研究动物，与新化学或当时拉普拉斯支持的数理物理学一样科学。为此目的，动物学不再是排列蜗牛壳——居维叶将这留给他的同事拉马克，拉马克的动物物种可以进化为其他动物物种的主张使他恼怒。对于居维叶来说，这样的“进化论”是可笑的，它是基于一种肤浅的博物学，这种博物学未能掌握比较解剖学与动物之间内部的、结构的差别。他进而主张动物界包括四个主要类群，每一个都具有清晰的基本蓝图——辐形动物(水母、海胆，等等)、软体动物、分节无脊椎动物(如蠕虫、昆虫)和脊椎动物。理解动物怎么生活，就是理解器官之间结构和功能的关系，另外很重要的是，理解每一动物的系统与此动物的环境之间——如某种鱼的鳃与其周围的水中的气体之间——在功能上的相互作用。*(这就是我们“环境”意义的起源，不仅仅是“周围”。)

对于居维叶及其追随者来说，动物研究不再是外表分类加上人体生理学的外推。在新动物学中，如在化学中一样，元素的结合和性质

---

* 此句根据作者来信修改。——译者

用于解释结构和过程、变异和它的分类(Coleman, 1964; Outram, 1984)。对于博物馆馆长和大学教授，这是一种新的专业科学的基础。我们在下面将要看到，它在德国大学中得到最充分的发展，从19世纪后期开始则在英国和美国的大学中发展；直到20世纪60年代，它一直是中学动物学课程的支柱。同一种分析被应用于植物，因之构成“经典植物学”，该学科的发展轨迹与动物学的类似。

在1800年，植物分类已经比动物分类得到更多发展。人们对植物的比较解剖也知道得更多，部分是因为“它们的解剖构造是外部的”——主要部分(根、茎、叶、花的各部分，等等)在成熟植物中甚至在种子中易于看到。巴黎的植物学家强调植物的不同**蓝图**，特别是单子叶植物(如草、棕榈)和双子叶植物(如毛茛、橡树)的深刻差别——前者从基部长出且叶具平行叶脉，后者从顶端长出且叶脉分岔。这种分歧不能理解为仅仅是差别的积累，而应理解为是某种根本不同的“**组织**”。这类似于居维叶的注重功能和结构，但是重点是在结构上——部分原因是对植物生理学所知不多。正是在巴黎，一位瑞士植物学家德堪多(Augustin Pyrame de Candolle)作出了仍然还是植物分类学基础的一种分类。它比林奈的分类学难以运用，但却显得更自然；专业人员喜欢它，业余者不这样，因为他们喜欢实用的框架更甚于分析的精准(Daniels, 1967)。在某些方面，德堪多和德国的植物学教授是居维叶的追随者，但是他们也利用“形态学”，即居维叶后来反对的那种对形态的分析(Daudin, 1926; Morton, 1981; Sachs, 1890)。

分析形态

原则上，至少有两种分析结构的方法。本章到现在为止已经讨论了多元素复合模型——化学物质、医学人体、动物和植物由**不同的**

元素、组织或器官构成，以不同的方式复合产生不同的结果。这是法国的分析模式——它要求“解剖”。但是存在另一种模式，由那些认为解剖是“谋杀”的人所从事——一种被看作是德国的并与巴黎的分析精神相反的模式。它包含一种结构**理念**的观点，这种结构理念通过发育而“展开”；复杂的有机体，在其整体上和组成部分上都表达这种理念。这种观点最著名的倡导者是德国博学者和诗人歌德(Goethe)，他把叶看作植物的基础器官。(花的组成部分是变化的叶——茎和根也是变化的叶。)一种植物主要不是多元素的复合物，而是一种简单元素的转型和加倍(Cunningham and Jardine，1990；Lenoir，1982；Russell，1916)。

这种立场和居维叶的并不完全对立的这点，对我们来说可能是明显的，但是当巴黎的形态学家特别是居维叶的同事若圣伊莱尔(Étienne Geoffroy Saint-Hilaire)论证，不仅在居维叶的四个主要动物类群的每一个类群之内而且在它们之间也从根本上相似时，对抗出现了。若圣伊莱尔把节肢动物看成是骨骼在外的动物，像脊椎动物的骨骼在里面一样；居维叶很震惊，因而有了1830年在巴黎科学院的著名争论，1830年也是法国政治革命的一年。居维叶“在观点上”赢了这场争论，但是不久就去世；若圣伊莱尔作为浪漫主义左派的支持者，受到大众狂热的喜爱。在法国，与在英国一样，形态学吸引政治激进分子，他们常常将形态学与进化论的拉马克版本联系起来，以提供对植物和动物的变异和“适应”的唯物主义解释——教士的自然神学的一种替代物。

形态学现在已被“进化”的光芒掩盖，但那时却是一种高产出的科学，它追问以前很少思考的形态问题。例如，形态学家关注对称性：为什么脊椎动物的前肢和后肢有着同样的基本结构？颅骨是一段有很大变化的脊柱吗？这些问题在19世纪的大部分时间里都很丰产，它们常常与发育和胚胎学的问题相关联，到后来它们成了“进化论”的一部分。但是它们在起源和在逻辑上与作为一个历史过程的进化相互脱离。事实上，**现在**理解的许多进化证据开始发现时是作为形态学家的“共有脊椎动物蓝图”的证据的。例如，我们引用耳小骨和腮弓同源的例子，即可论证从哺乳动物微小的耳骨到在鱼类中支持腮的骨骼之间所有中间类型的形态和位置的连续性(Appel，1987)。

动物形态研究也在显微水平进行，与上面提到的医学显微学相联系。比沙的“普通解剖学”以组织为元素，但是许多解剖学家，特别是在德国大学中的，开始寻找其他组织从其生成的共同的“形成”组织。在这里又是浪漫主义对统一性和共同祖先的强调；这里又促使使用显微镜。能够发现不同组织共有的显微结构吗？这种角色的候选者中包括所有的组织都由相同的蛋白质小球构成这样的思想，但是这种观点在19世纪30年代更好的显微镜被制造出来后就消失了(Pickstone，1973)。一个新的候选者在1839年出现，来自植物学者施莱登(Mathias Schleiden)和年轻的解剖学者与生理学者施旺(Theodor Schwann)的合作研究。他们对共同的**单元**的论证没有对共同的发育方式的论证多，他们论证：在所有植物和动物(包括人)中，身体的液体“结晶”形成“核”，在核周围蛋白质沉积。植物细胞获得细胞壁和细胞质中的液泡；动物细胞没有获得细胞壁，而采用多种形状——从扁平的皮肤细胞到伸长的肌肉纤维。这里是另一个称作组织学的庞大分析计划，激发着能够精通显微镜使用的任何人：世界上所有动植物的所有组织——成熟期的和胚胎期的，健康的和患病的——都能够按照细胞的发育来分析(Ackerknecht，1953；Bynum，1994；Harris，1998)。

了解现代生物学的读者可能已经注意到一个隐藏的问题。**我们**认为细胞不是由液体形成，与认为微生物不能这样形成一样；对我们来说，细胞来自细胞，微生物来自微生物。在这种认识情况下，我们跟随法国和德国研究者，特别是通过研究简单的植物，他们修改了细胞理论，他们主张微生物是由其他微小植物产生的微小植物。如果我们结合这两种新观点，我们就能看到19世纪中期的伟大的概括之一(以及卵细胞的一种新意义)——所有的动物和植物都由细胞构成，细胞来自其他细胞并最终来自卵细胞。卵细胞来自母本，并在有性生殖中由一个来自“父本”的精细胞(或花粉细胞)授精。现在回溯祖先——个体来自亲代，细胞来自细胞，一直回到该物种的出现。我们非常熟悉这个伟大的分析的概念，以至于忘了它仅仅只有150年的历史。

我们已经提出，形态学(包括胚胎学和组织学)总的说来从德国文化对**发育**的关注中吸取了很多东西。通过细胞理论，它与植物和动物组织的研究、与进化的问题紧密地联系在一起，我们将在下一部分简略地进行探讨。

经典动物学和经典植物学

19世纪的动物学家和植物学家究竟在**做**什么？从许多历史著作(包括许多近期最好的科学史著作)中，人们会推测他们采集和分类，作为博物学的一部分，他们中的一小部分人率先实践生物学中的实验主义，他们最大的关注是进化，特别是关于达尔文主义的争论。这是一幅扭曲的图像，很大程度上来自“英国人的特点”和许多英裔美国人的历史著作中的倾向。约1870年以前，英国只有很少的职业生物学家，但英国却是帝国探险、业余博物学和自然神学的世界领导者——因此产生了达尔文。1859年出版的《物种起源》，影响巨大；它主导了19世纪后期自然神学和科学与伦理之间关系的讨论。今天，达尔文的信徒已经使进化论和社会生物学进入了生动的科学之列，成为“公众理解”科学的主要内容。但是正如鲍勒(Peter Bowler)已经多次表明的(他著述反对“达尔文研究”的浪潮)，如果你阅读职业生物学家在1860年和1940年间的出版物，达尔文主义远没有人们想象的那么突出(Bowler，1983；1988)。[4] 我认为我们可以这样来说明这种情况:记住大部分的生物科学不是博物学，也不只是实验主义的；它们是分析的。(我已经概述了其中的一些内容，后面会有更多的内容。)

考虑达尔文作为一个博物学家所面对的问题，他也知道法国和德国的动物学家的工作。一些是地理的——你如何以气候等观点和以相似物种的领地的观点来分析动物与植物的分布模式(Browne，1983；Nicolson，1987)？一些是形态学的——为什么大的动物类群的基本结构如此相似而生活模式却如此不同？为什么不同种类的动物胚胎比成体更相似？一些是分类学的——为什么动物和植物的某些类群显得比其他类群差异大得多，既在大类群水平上又在亚种水平上？动物和植物物种能否被描绘成是以前物种的“芽生”？这样的问题不仅仅是观察的东西。它们来自这样的生物学家:他们分析了动物形态，表明了胚胎怎样分化，分析了分类的模式，并且试图得出动物物种在空间和时间中的分布规律。我们可以将达尔文视作是将所有这些分析形式综合在一起，并表明如果动物物种确实在长时期中来自其他种的话，他们的结论就可以怎样解释。他绝不是第一个这样思考的人，但是，他非常系统地阐述了这种情况，使用了他的时代所有的最好的科学。并且，他提供了一种可能的机制即自然选择，许多专家认为不够，但是多数认为这是严格的可能情况(Bowler，1989a；Browne，1995；Desmond and Moore，1992)。

以这样的观点来看，进化对于那时有时称作生物学的分析科学，与能量对于有时称作物理学的分析科学的关系一样。这些新学说是将以前分离的领域综合在一起，发现更深层的共同点的方法。从对生物学来说是新的观点来看(如果对更数学化的科学则谈不上新的)，它们是“理论”的成就，是对存在的分析领域的整合和重新定位。如政治史家霍布斯鲍姆(Eric Hobsbawm)所提出的，在“资本主义时代”，这些学说是令人印象深刻的“积累物”，它们建基于“革命时代”的创造物之上(Hobsbawm，1962；1975)。确实，与上面讨论的“修正”的细胞理论结合在一起，进化学说意味着所有的动物和植物都能够被看作是一个巨大的细胞家系的部分，这个细胞家系现在在时间上超越了涉及的物种的起源，回到了共同祖先，回到了生命的起源。对这个巨大谱系的研究是“生物学”，一种有潜力的、由这些新的普遍结论综合到一起的多种学科的智力综合。

但是正如物理学家继续分析光和热、电、磁等的行为一样，动物学家和植物学家继续分析形态和发育，现在通常在显微水平上分析。他们继续尝试将胚胎学与分类学、古生物学联系在一起，就像他们从20世纪早期以来所做的那样。他们利用他们的博物馆进行比较研究，利用实验室进行解剖以及结构、发育的显微研究(Bowler，1996)。他们常常作为分析家工作——其中某些人，我们将在下一章看到，也逐渐采用了实验的方法。

现在容易忽视仍然存在的分析的科技医的意义，部分是因为从19世纪后期以来“实验主义者”的成功。当“实验”被宣称为科学的本质时，分析可能显得过时，这点我们将在第六章看到。分析家很少声言反对实验主义者将实验和“单纯描述”简单对立；因此，它逐渐被视为理所当然。今天，如果被问到例如现代分子生物学，大多数参与者和评论者，甚至专业历史学者可能都会描述为一种**实验的**科学，与旧种类的生物学，即博物学——仅仅描述和分类——相对立。但是这种对立是幼稚的；在我看来，它没有留下多少空间给19世纪的大多数科学及许多后继者。如，生理化学或者经典胚胎学远不是“单纯描述”；DNA双螺旋结构的发现不是通过实验本身，而是通过系统地调动一系列的分析技术——特别是碱基的有机分析和合适晶体的X射线晶体学。沃森(Watson)和克里克(Crick)的成功在于，他们意识到了这个问题的重要性，并处于收集相关分析结果并寻找如何能把它们结合在一起的有利位置(Abir-Am，1997；Olby，1974；Watson，1968)；如果有，他们也只是做了很少的“实验”。

地球科学

18世纪的“地学”包括，特殊的技术再加部分博物学和自然哲学。矿物、土壤等被描述和分类，也有了关于地球史的内容。前者与植物的博物学相连，后者与关于宇宙性质的普通理论相连。并没有任何独立的“地学”学科，地学由采矿教师和采矿调查员创立，他们设想地球的岩石层是一系列不同的层，即地层。不是所有地层在任何特定的地点都能发现，并且有时它们以“错误次序”出现，但是正确的次序可以被发现——一种理想的地层序列，用它可以理解任何特定地点的地层。这种假说成了多产的，地层表明是适度独特的——它们通常不是相互逐渐过渡的，它们能够由自身的矿物成分(以及特别是后来它们自身的**化石**)而识别。

地层学是19世纪早期的一门繁荣科学，它提供了认识地形的智力兴趣，并对采矿业具有有价值的前景。化石的寻找者能够通过扩展居维叶的动物学对化石分类，或者利用它们标志地层(因而也对生命形式的连续感到疑惑)。因而地层学带回了地球史的新问题，进入了进化的讨论，19世纪后期的生物学(以及大多数论述地学和生物学的历史著作)，其很大特征是讨论进化。但是作为科学工作的一种形式(由政府资助以促进采矿)，地学是对地层的解惑。帝国的兴趣扩展到绘制世界地图工程(Laudan，1987；1990；Rudwick，1972；1976；1985；Secord，1986)。

矿物学是另一个新的地球科学；矿物学依其使用的元素而成为两种类型。化学矿物学以化学元素的观点分解矿物；晶体学是一种形态学，以“晶粒单元”——作为特定矿物特征的立体几何形态——的发现为基础。巴黎自然博物馆再次成为一个重要据点(Laudan，1987；Metzger，1918)，并且又一次产生了教授馆长拆解标本的权力问题——某些矿物标本是“宝石”。

但是，地层学和矿物学并不是大地分析仅有的形式，后者是自19世纪早期开始的探险和帝国主义的一部分。地磁场的模式被绘出了图，等温线——相等温度线——也被绘出了图；所有这些事业需要从地球上的许多点采集数据。几个这样的计划的主要倡导者是世界主义者、德国人亚力山大·冯·洪堡(Alexander von Humboldt)[其兄威廉(Wilhelm)是德国大学改革的主要发起者之一]。亚力山大与欧洲的所有科学中心都有广泛联系，并旅行远达美洲。他是绘出与气候(考虑了经度及纬度)相关联的植被图的人之一。正是洪堡号召对地磁进行系统观察，而英国是对此有反应的国家之一。在英国军队的控制下，于蒙特利尔、塔斯马尼亚岛、好望角和孟买都建立了观测站(Bowler，1992；Browne，1983；Cannon，1978；Nicolson，1987)。

英国海军大力进行世界范围的海岸水域图绘制是达尔文故事的部分背景。英国皇家“贝格尔号”(19世纪30年代早期他坐该艇航行)

是一艘海军舰艇；船长菲茨罗伊(Fitzroy)是气压测量的权威，并有一个带薪的博物学者参与航行。(达尔文是非正式的博物学者，帮助船长减轻远离文明那几年的社会隔离感。)

正如英国自然哲学家赫歇尔(John Herschel)在约1830年记录的，所有这些知识世界的扩充增加了丰富性，加快了科学发展的速度，这似乎是那个分析时代的组成部分(Herschel，1835：第6章)。当轮船和电报改进了通信之后，这速度和丰富性进一步增加。当关于天气特别是大气压的广泛资料能够同时收集时，分析气象学变得更容易且更加有用。利用这些资料，得出了如我们所知的科学的元素——我们每天在天气预报上看到的气旋和反气旋。

在20世纪，“高空气象学”(aerology)——将大气当作一个复杂的动态系统来研究——由一位具有复杂的数学知识的挪威物理学家开创(Bowler，1992)。大约同时，曼彻斯特物理学家布莱克特(Patrick Blackett)收集海底岩石的地磁资料，而支持了曾经是异端的大陆漂移理论，并帮助发起地球科学中的“构造革命”(Hallam，1973)。他也鼓励洛维耳(Bernard Lovell)通过在焦德雷尔班克(Jodrell Bank)天文台建造一个大型射电望远镜来发展宇宙线研究(Agar，1998；Lovell，1976)。所有这些计划都主要是分析的，而不是实验的，而且，它们包括许多可以称作博物学的内容；包括观测站和野外测量，而不是实验室。它们例释了我的总论点：新的分析形态的科学已经并且仍将继续发展——在学术环境中、在田野中和“在工作上”。但是现在，我们再回到1800年，来探讨社会科学的起源。

分析社会

福柯关于人类知识的强主张之一是，人文科学(human sciences)

在约1800年发明，现可能正在消亡（Foucault，1970：第10章）。我将论证，新的社会科学确实以分析的模式创立，与新的自然科学并列。它们也产生“自”博物学的知识，博物学知识被取代而不是被替换；即使当新的分析形式居支配地位时，博物学仍继续起作用。

福柯表明，18世纪关于财富和语言的论述，如关于动物和植物的论述一样，很大程度上是我称作博物学的种类；它们是分类的，着重点在相似物构成的系统，易于以图表示。相反，政治经济学和语言学这些新科学是有关“有机体”的——具有特有的结构和变化模式的经济及语言。但是，这些新科学在使用“元素”方面是分析的吗？这些新的工作模式与我们对自然科学已经讨论的那些有共同点吗？

与18世纪有关财富的论述多为描述性的或规定性的相反，于1820年前后在英国由作家和金融家李嘉图（David Ricardo）建立的政治经济学，在他将其还原为像农业地租、土地生产力，或者供、求、机械化之间的关系这样的关键概念方面是分析的。在这里我们第一次发现理想关系的简单图示，这并不是偶然的，这种图示仍然在装饰经济学文本，非常像物理化学文本中的图示。分析的经济学此后将是非常演绎的；商业发展或国家经济的“现实的”说明仍然更接近博物学，而不是分析的形式体系。这种张力反复出现；大家能够在19世纪后期“英国的”分析的说明与德国学派的社会学的研究之间的争论中看到这种张力；或者在现今英国的大学中看到，在英国大学中有地位的经济学多为数学的，而较少抽象的形态大多被归入“发展”或“管理科学”（Roll，1973）。

历史的社会学是否能够有助于解释分析经济学的出现，这是一个有争论的问题。既然它首先是苏格兰的大学的产物，它就与那里出现的医学和化学科学共有教育的背景。但是，19世纪早期英国政治经济学的主要特征，似乎是它具有很强的公共面和政治化；李嘉图的公式和相关的马尔萨斯(T. R. Malthus)人口统计学在当时具有争议。李嘉图论农业、生存和贫穷问题的著作，像他论“机械问题”的著作一样是政治讨论的中心。他教导国民一些原理，通过它们可以解决新的问题，能令有产阶级满意。为此，“科学”的权威性很重要；它由形式体系、由统计学运用(mobilization of statistics)和由与之紧密联系的新物理科学的这个双重相似性支撑。

数位著名的作者，除了撰写关于政治经济学的著作，也撰写关于化学或地质学的著作；同样的出版者、期刊和机构“刊载”所有这些科学；它们都教导尊重“自然和社会的规律”，既教导因之获利的资产阶级，又教导不获利的工人阶级(Berg，1980)。正如福柯所强调的，19 世纪早期的政治经济学与出现的生命科学双重相关：通过聚焦人类生殖的马尔萨斯人口统计学，通过作为李嘉图经济学核心的农业生产力问题(Young，1985)。由圣西门(Saint-Simon)和孔德(Comte)创立的法国“社会学”，通过组织模型与“生物学”紧密相关(Haines，1978；Pickstone，1981)。出现的语言学科学也是这样联系的，这可以将同时重塑的普遍论点推进到跨越科技医的范围。

语言研究已经聚焦在词之间的关联；它后来探讨语言之间的不同结构和它们的历史变化的规则：“分离出印欧语言，构造比较语法，研究屈折变化，表述元音递变和辅音变化的规律——简言之，整个语言学工作由格林(Grimm)、施莱格尔(Schlegel)、拉斯克(Rask)和葆朴(Bopp)完成”(Foucault，1970：281)。比较语法显然与比较解剖学相似；语言群的研究是新的人类差异研究的一部分，后者也涵盖体质人类学和新考古学的层面。

似乎很少有这种语言学起源的社会层面和物质层面的工作，也许是因为我们容易设想这种科学可以在任何地方完成。但是，如果我们检视最好的英国语言学史，如果由库恩的范式而不是福柯或唯物主义社会学指导，那么我们会注意到比作者所著的更多的东西，注意到图书馆的意义，特别是由新的语言学者研究了的稀见的，如梵语的和斯堪的纳维亚语的外国手稿藏品的意义（Aarsleff，1983）。以前的作者论述语言，大量依靠大多数学者所熟悉的技巧和文学知识，但是新语言学以藏书为基础，藏书能够以与压制植物或动物骨骼标本几乎同样的方法进行研究。有特点的是，在新式即改革后的德国大学中，为研究语言学而创立的研究所拥有**研究图书馆**和讨论研究结果的**研究班**——我们现在几乎忽视的两种学术工具，它们也许是跨越这些学科进行广大范围分析的关键。正如其他历史学者较独立地指出的，使德国大学著名的“研究”传统开始于语言学和数学，而不是物理科学（Turner，1971）。

这个论点具有很大的扩展空间。例如，我们可以认为，数理统计是数值数据分析的新形式，使用平均数和均方差等来作为集合体的基本特征的表示方式（Hacking，1990）。人口统计学家随后发现了表现人口及其发展特征的统计方法。19 世纪的某些新“学科”可以被认为是分析的“混合物”。例如，新的公共卫生研究主要是关注地方特征——不是通过博物学或地形学，而是通过利用分析的化学和地层学及死亡率统计学（Hamlin，1998；Pickstone，1992b）。颅相学，从颅骨形状解读人的倾向的科学，是新的分析的性格科学，以特定能力位于大脑的特定部位为根据（Cooter，1984）。19 世纪的期刊充满分析的论述，我们可以把它们看作相互平行和重叠——例如，政治经济学、公共卫生和地质学（Rudwick，1980）。这并不是说博物学、地形学、面相学、个案史或简单的数集被排除出去了；这些博物学形式继续存在，但是是存在于新的关系中。正如我们在分析的政治经济学和历史学派的对比中已经看到的，它们是竞争关系。

到19世纪末即使是在英国，“社会科学”也在重要大学中建立了。杰文斯(W. S. Jevons)、马歇尔(Alfred Marshall)等的新古典主义边际经济学在大学中产生了——在曼彻斯特、在剑桥，以及20世纪早期开始在伦敦经济学派中。新古典主义强调市场作为决定价格的手段，我们可以将其当作分析的一种新形式。像其古典前辈一样，它与当代自然科学有关——在这里，与物理学中的分子运动论有关(Mirowski，1989；Roll，1973；Schabas，1990)。但是在1900年前后的几十年，也看到商业管理者高等教育的发展；这包含非常少的分析和数学——它包括经济史和会计学方法；在第一次世界大战以后，它已包括疲劳生理学，这多在军工厂的工人中研究。

在第二次世界大战之后，当政府为大学的巨大膨胀出资和对“非科学”毕业生的大量需求允许社会科学大量膨胀时，我们在数个国家中看到相似的张力。在战后的25年里，许多重点是在社会科学的分析层面上——在人类学中的亲属关系和结构功能主义上，在社会学中的社会结构和变迁上，在形式语言学和对文学的形式主义阐释上。这个世纪的后25年，出现了两种对立的拉力。大学里不同系的学者在人类学、社会学和文化研究中建立了更加贪偏于解释学的方法——所谓的语言学转型，但是在正在增加的“管理科学家”队伍中，却复兴了更加历史的、描述的，及实际上我们称之为博物学的研究——与如职业心理学和“企业理论”这样的较弱分析形式的社会科学松散地联系在一起。

但是，当然对社会现象“博物学的”和解释学的阐释，过去不是、现在也不是学者——更确切地说实际上是“调查者”——的特权。在社会调查中，“对象”会说话。他们有自己的意义系统、自己的“博物学”，及在某些情况下有自己的分析模式。我将在最后一章谈到这些争论，但是我想首先将在这一章和最后一章中产生的有关“分析”的某些争论集中到一起，因而也为论述实验主义的一章作准备。

反思分析的机构

看了对分析的机构所在地多种顺带评论的读者，会注意到在论述1800年前后几十年时经常提到高等职业教育，提到国家博物馆、医院等等，特别是在法国；还会注意到后面部分多次提到大学，特别是在德国。我不时提到观测站、调查机构、考察和野外站点。我也强调工业、农业和医学中“顾问”的分析工作，分析和合理化生产在工厂中的地位，以及分析者在工业研究实验室中的角色。这些主张包含什么样的(如果有的话)因果关系？ 我如何刻画这些不同“机构”与我称作分析的理想类型的认识方式之间的关系？

也许我首先需要指出，对这样的复杂问题的任何说明都不会既简单又足够，我从对其最好的研究中得出的一般教训为，所有这样的因果关系都是相互的。人们的观念显然影响他们所创立的机构和机构的发展方式，但是，同样地，男性和女性在其中成长和工作的机构模式也塑造他们以之思维和行动的方式，既在有意识的水平上，但是也通过相关人员可能从来没有检视过的许多假设和默许的知识起作用。这种相互影响意味着，我们可以有理由说认识(和制造)方式**体现**在机构的工作方式中，在这里“机构”可以覆盖调查机构、工厂，甚至一群研究者的工作习惯，假设其足够难改并稳定传递到这一群组的任何新成员中。因此，例如，如果我们考虑1850年前后欧洲主要国家的科技医机构，我想主张，主要的教学医院、国家博物馆、国有调查机构、职业学校和‘先进工厂”的特征可以有理由地被描述为主要是分析的。这些机构的工作人员，其工作对象是人、标本、自然特征、过程、机器或经济体——这些对象依其元素进行分析、排序和调控。

我想主张所涉及的正式机构——如巴黎自然博物馆、伦敦的教学医院或曼彻斯特的工程车间，在**起源**的时候必然是作为分析的机构吗？不是。历史事实是其中某些机构起源于其他原因并具有不同的“运作模式”。事实上，在论述博物学的一章中，我主张这些大型国有博物馆是作为“宝藏储藏室”和展示地，更甚于为进行系统研究而产生，并主张当收藏品用作系统研究和教育时，这多为博物学。这对于教学医院也同样正确；在18世纪后期，“到病房走动”成为医学教学非常有价值的一个部分，特别是在伦敦，但是病例是作为个体而“陈列”；它们在医院里“聚集”是为某种方便——你能够在短时间内看到许多患者。我们已经注意到，在某些早期的工学院中，教学是通过某种集体学徒方式，许多工程车间的布局以生产步骤的观点来看没有任何明显的合理性。因而分析在这些标本、患者、工具和学徒的聚集体中出现较少。

但是，能够(重新)使这样的聚集体对分析事业有用。它们可以在物质上和(或)概念上被重新组织，以推进和展示分析的知识与实践，前提是被这样导向和推动的人具有概念的、物质的资源及社会的力量来产生这些变化和实行新的工作方法。通过概览理想的分析的长期历史，我已经提出这种愿望的一种根源。通过着重于构成新的认识领域的“元素”的发现，我强调仅有愿望还不够；还需要创造的过程，而这在一定程度上不可预测。但是动机和力量是什么？

对于工业的分析和农业的分析，动机似乎相对简单——通过更好地控制投入、产出、过程和副产品，而提高生产力以期获得物质收益。这些物质收益并不总能实现；许多商业过程仍然很抗拒分析——在这种情况中，技巧和所学知识（博物学）是更好的指导。但是预期在许多情况下都能够很好满足，这似乎足够逐渐劝服工业家相信，至少在出现错误时，分析是值得投入的。当然分析者积极地鼓励这样的信念。

对于政府来说也一样，经济回报或更一般地说增加的效率是主要的动机。19 世纪早期的英国政治家多受教于古典传统，而不是自然哲学，陆军将官和海军将官也一样，但是他们认识到，在改进航海、农业和采矿中具有国家（和阶级）利益，而被说服资助有望取得这样改进的资料收集和分析。当面对日益增长的开支和（或）像对救济穷人与控制流行病这样的事情不满时，他们愿意将经济学家和他们的改革者医生朋友所要求的政治权力给予知识权威。以这种方式，旧的机构部分地转到了分析；而新的机构，如地质调查机构或济贫法委员会，则按分析者的蓝图设计（Hamlin，1998）。

在法国职业学校和德国技术学校（如后来在英国和美国大学中的科学院系一样），新的分析知识常常产生，以说明“实践原理”。到 19 世纪末，所有重要大学和技术学院都有了实验室，在实验室中有化学仪器、内燃机或发电机，以便学生能够学习技术以在将来应用到“现场”、“工厂的实验室”或私有的“试验”设施中。所有这样的职业教育与实践紧密相联，到 1900 年时，并与为调控和标准化实践的政府机构，如国家物理实验室（1900 年）和它的德国原型，夏洛滕堡物理—技术研究所相联（Cahan，1989；Magnello，2000；Moseley，1978）。这是产生和使用分析的机构网络。（我们将在第七章回到这个问题；也许我们可以认为它是技术科学的分析版本。）

然而，我要再一次强调博物学知识仍然重要。我们已经详细论证了医学方面，但是这也适用于科技医的其他部分。医学分析者和“生活医学”之间的争论，类似于工业分析者和手工艺知识的支持者之间的争论。在分类学中，我们已经提到非常钟情德堪多结构分类的专业植物学家与喜欢容易的林奈系统的人之间的张力(Daniels, 1967)。这样的争执在19世纪很普遍，而且仍然重要。对于在不同种类的分析者之间的竞争领域也一样。例如，地质化学与化学地质学应该是什么关系？X射线，与叩诊和听诊器作为一种“观察胸部”的方法相比，怎么样？无论什么时候，一种新的分析技术被发明，它所产生的“分类”都需要符合已有的分类，并且专业“领域”可能待决。而且，因为许多分析技术终由技术人员而不是“重要的研究者”或负责病案的医生实践——因此增加的领域终被竞争。

在强调分析作为一种认识方式的同时，我一直力图彰显科技医的许多领域和贯穿许多时期的共有特征；因之我们能够便于比较使用资料和洞察贯穿不同事例的东西。虽然本书章节追溯特定的、历时的“认识方式”，我再一次强调这些**都**要理解为**总是**在动态的、常常是竞争的关系中——**既在这些理想类型之间又在它们之内**——发展。

在下一章，我们转到实验主义和发明。我觉得这些具有一种不同于分析的社会动力学：一般地说，它们与解剖和调控经济的、职业的实践不是非常紧密相关。相反，我将论证，它们是在特意远离职业实践和商业实践的“圣殿”(具有特权创造和操控新事物的地方)中发展的。这些场所是为分析而装备的，但却与综合的动机相联系——很像早期的分析场所为博物学而装备但却转到了分析。

又一次，不难看出为什么在总是很复杂的19世纪工业界，某些发明家会设法建立发明工厂，某些工业家会将他们的化学家从日常分析工作中解放出来以便集中精力创造新产品。但是制造实验的实践是什么——如何，以及为什么提供既是学术的又是“建造的”殿堂？部分答案(特别是对于19世纪早期的法国和英国)存在于如皇家研究院和法兰西学院这样的少数特定机构中，在那里，教授(常常接受的是分析训练)向追赶时髦的听众讲演，这些听众被控制自然力量的演示所吸引。然而，主要的答案是在大学中，特别是在德国的大学中。到19世纪中期，部分因为自身作为分析者的成功，许多德国的科学教授已有装备很好的实验室；他们也有时间做自己的学科认为需要的工作。他们不必把所有的时间花在教学或分析标本上，他们能够尝试构建知识，因而扩充大学的“研究行为标准”。依靠训练学生分析，但是不必唯从业者或工业家之命是从，他们能够创造受控世界的模型，因而吸引学生和其他学者，后两者能够被说服，认为这样的综合跨越了单纯分析的一步，实验室的新事物比混乱的外部世界更具吸引力。

第六章　实验主义和发明

想想巴斯德的曲颈瓶，它们在19世纪中期巴黎的公开实验中使用。拉长的弯曲颈部，使空气在进入烧瓶时其中的“尘埃”即有机颗粒沉淀在颈部的弯曲处；因此“尘埃”将不会到达烧瓶球状部位里的肉汤中。这个设计是对发酵实验中一个问题的聪明的解决方法。这个问题就是：怎样能够只接触空气而不接触尘埃？通过这种方法，巴斯德证明“清洁的”空气不会导致发酵，而尘埃会。通过许多这样的实验，巴斯德使观众相信他能够“控制”发酵。发酵**不是**自发的过程；微生物不是自然产生的（至少在日常条件下）；微生物从空气进入，引起有机肉汤中的发酵反应。当然，不能证明微生物决不会且永远不会自然产生，但是可以边缘化有关微生物（或疾病）最终起源的问题；可以将它们转移到化学家、酿造者、卫生学者和医生通常的关注点之外。[1]

这种控制发酵用于解释某些发明并提供许多新的发明。很清楚：如果将容器中盛满的肉汤或果冻煮沸，然后盖上盖不让空气进入，这些流质就将一直“保持”原样直到容器被打开。这就是“罐头”的原理，它对于从南美洲进口肉类非常重要。巴斯德设计的这种常规加热方法，被应用于对牛奶和葡萄酒的杀菌(即巴氏灭菌法)，它只引起极小的味道变化。

巴斯德的许多工作根源于工业难题；他在发酵方面的工作部分源于与里尔的啤酒制造者的合作，他后来在疾病方面的工作源于致蚕死亡的流行病。有证据表明，巴斯德研究计划的实力来自他在化学实验方面的训练，他将之应用于葡萄酒和啤酒的“疾病模型”。他论证，发酵是生物的而不是化学的，但是技术手段与他的化学研究并不是很不相同。然后，他将他的实验主义应用于动物疾病，因为由于明显的原因，人类疾病不是直接实验的对象。巴斯德开拓了可以进行操控的“生物技术”——他的“模型”产生了实践及原理。该项工作在巴黎和法国殖民地以巴斯德的名义建立的巴斯德研究所中继续开展；它们在细菌和疫苗方面的研究是1900年前后的生物医学中最先进的。

本章论证，实验科学很大程度上是19世纪的产物。强调实验和系统化的发明之间的关系；集中讨论新事物的创造和控制。我的方法是根据这些历史著作：它们被认为是合理的且令人兴奋的，然而于我们所接受的对科学的说明却是边缘的。这里，我又一次扩展了库恩的某些(基本张力)论点，特别是通过将生物医学科学作为与物理科学平行发展的科学包括进来。我再次强调，我更关注革新而不是起源，即发明进入社会实践，它们成为世界运行方式的一部分。因而我们不需要将非常接近我们自己时空的社会革新追溯到古希腊祖先和近代早期先驱。

在本章末，我将考察我对实验的说明在多大程度也能够适用于发明，发明是一种制造方式，它是作为19世纪工业中劳动分工的组成部分而同时发展起来的。我将论证，实验和发明之间如此相似以致两者可以看作一枚硬币的两面。这个发现随之将成为后续一章——论技术科学——的基础。

实验的意义

尽管有一些科学哲学家已经关注实验(Hacking, 1983)，若干科学社会学家和科学史家长篇论述了特定实验(Collins, 1992；Galison, 1987；1997；Gooding, Pinch and Schaffer, 1989；Shapin and Schaffer, 1985)，但我们还是缺乏意见一致的实验类型系统。(这是大多数科学哲学一元论及其社会学分支的另一个反映，即假设科学在任何时间和任何地点几乎都一样，或者假设它们的区别非常多、非常不同以致没有任何系统可对其进行描述。)但是，我们还是能够利用库恩的著作(Kuhn, 1977b)，以及关注推进实验的早期方法论学者所作的区分。

在经典科学中，许多近代早期的“实验”本质上是**演示**。如果经典科学(特别是力学)因其将复杂运动还原为一些简单原理而可以描述为分析的，那么实验的这种角色就容易理解。演示者创造一种单纯的环境，在其中可以观察基本的运动，而去除了它们通常的(自然的)复杂性。也很明显，为什么有一种趋势将真实实验与“思想实验”(“在头脑中”或“在纸上”进行的)合二为一。这样的实验，像教室里的实验一样，不是旨在产生任何新事物，甚至也不允许在假设之间作决断——它们是练习，练习应用分析的原理从现象的元素在原则上重构现象。尽管实验，即使在这个意义上，不是古代行星天文学的重要部分，它却在光学、流体静力学和静力学中扮演重要角色。它作为定量分析的一个领域，在中世纪局部的地面运动研究中有重要作用。历史学家争论，伽利略的实验在多大程度上能被解读为是展示而不是对假设的检验。

实验志

库恩从他看到的16和17世纪发展的趋势中聪明地区分出实验的这种演示角色，它为培根所描述和鼓励。自然被“拷问”（用工具更好），以交出它的秘密——产生在事件的正常进程中不能看到的结果。他将这种趋势与自然和人工之间区别的减弱（这已在第三章讨论）联系起来。如果上帝是一名工匠，那么他的工艺作品就能够被拆分和被检验，其方法与人类工匠所运用的应是连续的。培根区分了旨在获取直接经济利益的实验和旨在阐明现象的“光实验”；但是我们可以依照库恩，将大部分这样的实验看作与分析科学中的实验/演示在很大程度上不一样（Shapin，1994；Shapin and Schaffer，1985）。培根的实验旨在提供给工艺，或者提供作为（广义上的）博物学一部分的“实验志”。确实，我们可以在那种近代早期重新表述的博物学中看到培根式的实验，这种博物学“扔出解释学”、“扔进人类作用的自然志”。博物学领域的这些扩大也与由于望远镜、显微镜和探险航海使得范围扩展成为可能相关。然而，只要现象仅仅能够被描述和编目，这重铸的扩展的领域就仍然是博物学。

在这些方面，我的分类和我在前几章简略提到的夏平和谢弗出版的对近代早期实验的详细分析显得一致。他们在气泵和新的光学仪器之间建立了联系，将它们作为使现象可见的工具；他们显示玻意耳怎么规避数学，并将他的实验与博物学联系在一起；最重要的是，他们强调通过公众见证和公开报告产生“事实”。正如有几位学者已经论证的，“事实”的地位对于新的博物学也是很重要的（Daston and

Park, 1998)。因而有充分的要求将气泵视为是对“实验志”的贡献。

但是，因为我没有将这样的“实验”和博物学看成是作为那个时期科学特征的仅有的活动，也就留有空间给其他的解读。数学的动力学，或更一般地说，如行星天文学和力学这样的分析科学的动力学，似乎明显不同于博物学的动力学，我已在第四章简略地探讨过。玻意耳的气体研究涉及对气体“力学”的假设——气体的“弹性”和压强体积比——的检验，达到了这样的程度，它们可以看成是基于一种“气体”的分析的还原，并看成是与力学中的分析实验类似。这样的实验可以是演示的，和/或建立关系的测量法——像伽利略沿着斜面滚动球作为落体“计时”的一种相对容易的方法一样。

因此，可能有用的是从**几种**观点——如博物学的**和**分析的，以及也许具有“合成实验”的某些特征，本章将集中讨论后者——来看待气泵实验。我的看法是，近代早期的大多数实验从属于博物学，或从属于有限的分析科学。我的推测是，只有当“元素的合成”成为创造和操控新事物的一种方式时，实验才可能成为一种主要的认识方式。在这个意义上，19 世纪的实验主义是建立在从 18 世纪末以来分析成功的基础上的。

实验和分析时代

在讨论 1800 年前后几十年的分析时，我们已经看到量化的重要性，特别是在新的化学和物理学科的形成中。重量在拉瓦锡的化学中是中心概念，包括为每一种元素建立化合量。这样的测量需要相当好的技巧和设备——既要化学家的技术的拷问工具(炉子、冷凝器，等等)，又要测量工具，如天平，天平更多地与化学的数学说明或者可能与商业层面有关。同样，那些分析如热的流动这种物理现象的数学家、哲学家和工程师，使用复杂的温度计和保护“模型”免于外部温度(和实验者的体热，等等)影响的精致方法。焦耳的明轮实验的重建已经表明这个任务的困难性，焦耳利用他“本地的”优势——他熟悉在酿造(当方法标准化后)中使用的温度计，和全天温度几乎恒定的一个酒窖——的方式的困难性(Sibum，1995)。19世纪的学校物理实验室中的精密测量和保护条件的主题已经很好地被探讨了。古迪(Graeme Gooday)已经表明，在那时的工业的英格兰，新的大学(以及在剑桥和格拉斯哥)中的物理教师强调，精密测量是学生在他们以后的(工业)生活中能够用到的一门学科(Gooday，1990；1991a；1995)。

在约1900年的生物医学科学中，生理学是与实验最相关的学科，这门学科的历史学者常常画一条近乎直的线从20世纪回到贝尔纳(约1860年)，回到马让迪(Francois Magendie)(约1820年)，回到比沙(约1800年)，回到冯·阿莱(Albrecht von Haller)(约1760年)。但是在这里也一样，许多实验或实践工作可以更好地被看成是分析和测量的形态。冯·阿莱尝试以“敏感性”和“收缩性”来对人体组成部分进行动力学特征的描述。至于比沙，在前面章节中已经提到，这种动力学分类扩展到明确描述为人体元素的许多组织/系统。这种“普通生理学”在19世纪继续成为生理学的一个主要部分，包括反应分析(反应力，等等)以及身体组织的组织学分析和化学分析(Lesch，1984)。同样，在约1840年的德国大学，新的实验室中的许多“体质生理学”可以看成是在继续这个“元素的特征描述”传统，例如肌肉和神经的电学研究。我们容易忘记第一批生理学研究所非常注重分析的显微镜学或生理化学；事实上，医学生希望得到这些医学分析技术中的设施是新生理学的一大卖点(Kremer，1992；Tuchman，1993)。

这些技术可以看成与由化学和物理机构促进的分析和测量技巧类似(和连续)。

我并不是主张所有19世纪早期的生理学都是分析的，但是恰是主要在世纪中期之后，特别是通过贝尔纳在19世纪60年代的著作，作为一种方法的实验主义被清晰地表达了。奇怪的是(这个事实似乎未引起以前评论者的注意)，贝尔纳的革新紧跟他在法兰西学院的朋友和同事化学家贝特洛(Marcelin Berthelot)的相应思考之后(Crosland, 1970)。要阐明这个联系，以及宽广得多的自觉的实验主义的问题，我们转而考察19世纪化学的，而后生物科学的，再而后"物理学"的方法体系。

化学中的合成

我已经提出，化学中的合成是生物医学科学中的实验主义的类似物。对于我来说，最初这个类比是一种假说：我在寻找贝尔纳的实验主义的类似物；我发现我的假说为法国科学以有趣的方式所确证，之后我学到了一些化学中"综合"的范围更广的历史。尽管化学史家著述已经论及合成，但合成却常常作为精细化学工业的引子，或者与曾经的难题——即**生命**体特有的分子与构成它们的更简单的物质是什么关系——相关。但是，合成作为一种科学方法、一种认识方式，也很重要。正如贝特洛一再论证的，合成使化学超越单纯的分析；它提供了一种检查分析的方法，也提供了一种检验预测性假设的方法；同时，它也使人们能够创造存在的有用的化学物质，或者创造自然界中未见的化学物质(Berthelot, 1879)。贝特洛是化学应用于工业的一位主要支持者。

然而，合成的流行先于在法国的讨论。正是在工业国家英国，化学首先由于合成的可能性而被推动——但是这些英国人由一位德国人领导。李比希喜爱的弟子霍夫曼(Wilhelm Hofmann)是皇家化学学院的院长，皇家化学学院于1845年建立于伦敦，从1853年开始由国家出资。他推动这个先锋机构不仅是通过培训分析者，而且是通过指出合成新物质的可能性。有趣的是，他的演示说明中原子模型是核心；由木棍连接的木球使化学家能够想象化合物中原子可能会怎样排列。如果你能够得到自然界化合物的模型，你就可能扩展自己的模型而创造新物质。模型促进"构建"新分子的思想且都是很实用的、具体的和英国的：它们都是根据世纪之初道尔顿首先提出的原子论而建立。有趣的是，当霍夫曼作为大学教授回到德国时，他放弃了模型，认为它不适合"更高级的"、更哲学的研究科学的方法(Meinel，即将出版)。

相反，贝特洛从不喜欢模型。在哲学上，他与贝尔纳一样是实证主义创始人孔德的追随者。对实证主义者来说，科学是发现规律(不是不能直接了解的结构的简陋模型)。但是，实证主义者也容易与把综合作为一种证明假设的方法的兴趣相容；实际上，对许多实证主义者来说，可预测地控制自然的能力是他们的科学原理正确性的很好证据。我们将看到，在生物学家实证主义者勒布(Jacques Loeb)的案例中，科学的"工程学"研究方法可能意味着，强调实验是研究生命的最高级形态(Pauly，1987)。

似乎重要的是，贝特洛和贝尔纳都在法兰西学院工作，该学院是用于研究和专业演讲课程，而**不是**为训练就业者的巴黎的著名机构；他们都通过演示实验的合成和控制而不是分析经济过程和医学过程，来阐明自己学科的实用性。该学院的另外一位著名教授，不是别人正是巴斯德，他在19世纪60年代因为对发酵原因的研究而广为人知；

他使用曲颈瓶的对照实验(我以之引出本章)成为“科学方法”的经典例子。但是贝特洛强调“合成”还有别的原因。他写了一部化学史著作，其中他将拉瓦锡作为支持分析的代表人物，因而留下了辩证的空间，使贝特洛自己以化学下一阶段的主要支持者身份出现(Crosland, 1970)。

生物医学科学中的实验主义

贝特洛在化学合成中主张的东西，和贝尔纳在生理学受控实验中主张的东西：它们都是将生物科学从单纯的分析推向更高级的科学方法的手段，都是检验预测性假设的手段。大多数评论者强调了明显的东西：贝尔纳对他自己的学科生理学的辩护，他将其描述为“实验医学”。评论者已经注意到，他将现有的医学科学贬损为“**纯描述的**”，包括医学中的统计学研究——我在前一章中提到的“数量方法”。贝尔纳的批评常常使今天的读者吃惊，因为统计学现在被公认是实验主义的一个基本方面，但是他确信，一个控制得很好的实验能够以一种超越统计的观察方式判定争论(Canguilhem, 1975；Grmek, 1970；Holmes, 1974)。

评论者也指出，贝尔纳忠于孔德的实证主义，包括特有的倡导生物学是一门普遍的生命科学，而某些人强调贝尔纳著作中“控制”的多重意义(Figlio, 1977)。受控实验在他的新的专业的意义上包含“对照物”——除了正在研究的重要因子，与实际的实验一样的系统。但这也是一种“控制”更普遍意义上的实验的方式，一种获得控制生命过程的方式。贝尔纳的《实验医学》(*Experimental Medicine*)(Bernard, 1957)的前景描述是清楚的、具有说服性的：今天在实验室动物体内能够控制的东西明天在人类患者中就可能可控。动物实验将导向对生命过程的动态理解，直到治疗。而且，在约50年的工作之后，事实证明了就是这样。

这些论点的巴黎背景还有更多研究的空间。我们知道，某些动物学家反对贝尔纳“贬低”他们的科学；其中一人论证，他能够找出主要因素的作用能够被观察到的“自然实验”来检验假说(Churchill, 1973)。在更早的一次争论中，以其在颜色和绘画方面的工作而闻名的自然博物馆化学家谢弗勒尔(M. E. Chevreul)已经指出了“事后的”实验在检验假说上的作用。例如，如果想知道为什么染料依照水的成分而产生不同的效果，可以分析那些水并推测其关键因素；但是之后，应该通过加入该关键因子到蒸馏水中以观察你是否得到了预期的结果。矿泉水对人类疾病的疗效，原则上能够以同样的方式探讨(Churchill, 1973；Chevreul, 1824)。这样的事情在巴黎科学院讨论，这暗示了超越化学分析并不像我们现在设想的那样简单。

不管是什么背景，我们知道贝尔纳的工作证明是有影响的。没有人主张他发明了生理学中的实验主义，但是他给予了实验者自觉的意识，实验主义被证明是有强大作用的，特别是在将它扩展到其他生命科学中时。某些植物学家，特别是德国的植物学家，采用了同样的方法研究植物生理学。著名的是(又是卵)，某些胚胎学家宣称他们的科学的将来在于用实验控制发育，而不仅是阐明胚胎的不同“元素”(胚层)的潜力(Churchill, 1973；Gilbert, 1994)。勒布(他从德国移居美国，并在那里帮助建立起对原生动物的实验研究)是实验主义理论家之一。作为一名实证主义者[及物理学家马赫(Ernst Mach)的追随者]，他持科学的操作主义观点——控制的能力是知识的尺度(Pauly, 1987)。确实，自19世纪后期开始，“实验”作为一面旗帜的力量是如此强大以致许多工作都如此标榜，而它们可以被更准确地描述为显微分析。

约1870年开始，当赫胥黎及其门徒发起将“生物学”引入大学的运动时，在英国和美国，那种融合是明显的。“达尔文的鹰犬”赫胥黎是经典动物学家和古生物学家，以其形态学研究而著名，但他也是一门宽广的形态和功能科学、有时称作“实验生物学”的热心支持者。他筹划教师应该被训练成能教授“实验生物学”，医学生应该学习和实践“实验生理学”，“新植物学”应该引入先前全是植物分类的系。虽然生物学的“统一”在英国大学中罕有达到，但是“实验”运动成功了，因其利用了当时强大的医学教育改革运动和初等教育中的科学运动（Desmond，1994；1997；Geison，1978；Gooday，1991b；Thomason，1987）。从19世纪末开始，当政府开始将“科学”视作英帝国发展的关键因素时，实验运动快速发展了。热带医学成为英国的专长——寄生虫学、经济昆虫学、真菌学等由于“家园”及帝国的原因在这个背景中成型，并继续得到强大资助，一直延续到第二次世界大战（Worboys，1976；1998）。

这些新生物科学从较宽的意义上来说是实验的。在英国和美国，“新植物学”或“新生物学”或“实验动物学”的支持者常常将自己看成是与旧的博物学者——业余者或博物馆馆长——相对立的，他们常常蔑视后者，认为其仅仅是观察和分类，仅仅是“集邮者”（Maienschein，1991）。事实上，新生物学许多是显微层次的观察和分析，例如，了解真菌——德国大学中经典动物学和经典植物学研究所使用的材料——的生活周期。在贝尔纳意义上的实验，这些只是全部内容的一小部分，但是它们被过度夸大了。如果你强调在解剖或使用显微镜的研究中涉及的操控，那么这些也可以包括在“实验的”之中。

实验生物学的发展大致与大学的实验物理学实验室及其后的工程

学实验室的创建同时(Fox and Guagnini，1998；1999)。我认为，在所有案例中，这些地点主要为发展**分析的**技能(和方法)提供受保护的环境；它们是将世界的某些部分带进院校的一种途径，但是，如果你将这些地方称作“实验室”而不是工作间，并强调“实验”而不仅是分析，那会更方便(Fox and Guagnini，1999：第3章)。这些实验室主要用作教学，严格意义上的实验是其工作相对较少的一部分，但是它在思想上和前瞻性上却很重要，因为它确立了大学实验室的功能是创造新事物而不仅是分析外部世界。我们在这里又一次看到认识方式的相持和它们之间的力量关系。

物理科学中的实验主义

学过物理学的历史学者通常注重物理理论，且特别注重如能量学说(在第四章中简略讨论过)这样的普遍法则。最近其中某些人详细研究了实验，特别是17世纪和20世纪的实验(Collins，1992；Galison，1987；1997；Gooding，1985；Shapin，1994；Shapin and Schaffer，1985)。然而，我们缺乏一部“实验”物理学通史，实验物理学是在19世纪后期与数理物理学相对立的一个常用词。测量的历史研究涵盖这个领域的一部分，但是在一定的意义上，它们用于突出本章的重要问题：物理实验**超越测量**的独特之处是什么？“物理学家”的方法和方法论声明与同时代的化学家及生物学家的方法和方法论声明是什么关系？作为历史学家的我们，寻找与在化学中的合成或生物医学中贝尔纳的实验相似的东西会有成果吗？

这样的问题似乎很少有人提及，这反映了大多数现代科学史的两个特点，本书正是针对它们的。第一，在严肃地对待科学的知识内容的历史学家之间的学科划分；第二，预设物理科学居于首要地位——

常常以数学的复杂、理论的严格和实验的精确等理由来证明。“科学”哲学家常常将“科学”解读为意指物理学，科学史家常常将化学和生物学等视为跟随“物理学”后面的踪迹。在这里，以巴特菲尔德(Herbert Butterfield)所著的经典的“二战”后的科学史为例来说明。该书着重讨论17世纪多为“物理学”的科学革命，化学革命延后到18世纪末，生物学以1859年的达尔文革命排在最后(Butterfield, 1957)。也请注意，其里程碑如何是理论的变化而不是方法的变化。

这种等级的和哲学、历史方面居先的历史具有某些优点；当然，它的流行需要解释，并且我们需要对在不同时期不同的研究者所感觉到的这种等级的程度历史地进行探讨。但是，我们也需要从相反的假定进行研究，即不同的科学在任一特定时期都共有方法和方法论问题；在某些方面它们平行发展。这个“同步性假说”似乎对研究在许多分析学科同时成型之后的19世纪颇有前途。无论是被我们看作分析科学世界中心的巴黎还是伦敦及戴维(Humphry Davy)和法拉第(Michael Faraday)在皇家研究院的工作，我们都有一种感觉，分析的研究在宽阔的前沿平行发展，在物理学和化学之间并没有清晰的区别。许多不同的元素，包括光、电、热，正在研究之中(Knight, 1986; 1992)。

该时期的这个特定特征清楚地表现在当时对“科学分类”的讨论中(Fisher, 1990)，和在形成期的论“科学方法”的书籍约翰·赫歇尔的《自然哲学研究初论》(*Preliminary Discourse on the Study of Natural Philosophy*，初版于1830年)中。约翰·赫歇尔是恒星分类天文学家威廉·赫歇尔(William Herschel)的儿子，他是“科学”和“科学家”的重要支持者，他的一些朋友已经开始称呼他们自己为“科学家”。作为培根的敬佩者，他做了很多工作来创造英国自觉的实验主义传统，但是他也很清楚分析在构成他周围科学中的作用："在对任何现象进行分析的过程中，当无法对一种现象进行进一步分析而停止，因而迫使我们将其(至少暂时)归入终极事实类别并认为它是基本的东西时，对这个现象及其规律的研究就会形成一门独立的科学分支"(Herschel，1835：93)。

从19世纪中期以后更容易谈论"物理学"了，这时像热、运动这样的元素被如能量这样更宽广的概念涵盖了，并且元素之间更多的相互作用也被发现。在德国大学中，物理学的**研究所**伴随或跟随生理学的研究所；常常由化学家领导。在19世纪后期的工业国家英国，大学院系的发展通常遵循相同的顺序，但是在剑桥，化学却在其他两者之后。在所有这些地点，"实验物理学"是19世纪创建的新学科之一，但是在上文对生物学所讨论的宽泛意义上，它通常是实验的——其工作许多是分析的。

"自然哲学家"非常多地关注像光和热这些元素的测量，但是某些"实验哲学家"也注重元素——化学元素，或热、光，特别是不同种类的电——之间的**相互作用或反应**。在这里，人们也许能够看到在该世纪末产生研究放射性等的"新物理学"的实验主义传统的开端。它们与18世纪培根式的实验的分界之处，是它们注重新"元素"；它们与化学(及工程学)中的实验既相似又连续。对英国而言，这个传统的奠基之父是后期实验主义者的守护神法拉第(Cantor，1991；Gooding and James，1985；Williams，1971，1987)。

法拉第是铁匠的儿子，后来成为皇家研究院(在某些方面是法兰西学院的对等物)戴维的助手。在那里，他获得了成为一个化学家所需的技能，并继续戴维在电化学上的工作。法拉第不擅长数学，因而他的主要兴趣不是测量。他做了许多分析工作(特别是为政府)，但是，他的公共工作的中心是寻找“元素”之间可能的相互作用(部分是因为一个形而上学的信念：元素仅仅是一种普遍的力的不同表现形式)。

物理学史家常常强调这种形而上学，以及法拉第“直觉预见”场论的方式。化学家发现法拉第的风格更自然，因为他对实验编目。在这里，回想一下法拉第怎样系统地检查许多材料(顺磁体和反磁体，绝缘体和导体)的电学特性可能是有益的。有一个时期，他处理不同“种类”的电(静电的、伏打的、磁的、热的、鱼的，等等)以确立它们的特性。他最著名的工作是相互作用的研究。他假定相互作用在不同的元力之间是可逆的，这些元力是磁和电流，电力和运动，电和偏振光，电和晶体结构，光和电化学，等等。他发现了许多这样的相互作用或“效应”，他并“准备”其他的发现，后来，这些由使用更强大的设备或碰巧使用能够“起作用”的特殊材料的研究者完成。我猜想 19 世纪的许多实验物理学能够在这些“元素”或“力”之间真实的和有可能的相互作用的阵列中描绘。在法拉第同时代的人和朋友中间，人们看到马格努斯(Gustav Magnus)的工作中的相似模式。马格努斯在家里的实验室中开创了柏林实验物理学传统(Fox and Guagnini, 1998；Kauffman, 1974)。

法拉第在皇家研究院的后继者是丁铎尔，在保证更多的资源给科学家、更少的权威给主教的许多斗争中，丁铎尔是赫胥黎好斗的盟友(Desmond, 1994；1997；Turner, 1980)。丁铎尔又是实验主义者；他还曾与马格努斯在柏林共事，也广涉各(分析)学科。他继续法拉第在不同物质的磁性上的工作，包括压缩数百种晶体物质。这些研究导向研究冰的压缩(与冰川运动)和研究太阳辐射及热辐射对大气的影响；由此导向研究太阳光线在尘埃上的散射，导向研究大气层中尘埃的数量，导向研究漂浮的有机物质和导向研究细菌学(Macleod, 1976)。在这里，我们注意到对“室外物理学”即“自然”的物理学的专注。我们仿佛将回到尘埃，回到自然界，但是首先看一下巴黎和法国的传统。

1838年，在自然博物馆设立了一个物理学教授职位，我们已经参观了此博物馆的动物学、植物学、地质学、晶体学和化学。在该世纪余下的时间，此物理学教授职位由贝克勒耳(Becquerel)家族的三名成员接连担任。安托万(Antoine, 1788—1878)(该教授职位为他而设)在法拉第之前进行反磁性研究；他研究通过施加压力到晶体上和加热矿物而产生电；他还实验了从电场合成新的晶体形态。从19世纪70年代以后，该实验室在发展电学研究上得到了国家的资助(Fox and Guagnini, 1998：111—112)。他的儿子亚历山大(Alexandre)，成了光和化学反应之间关系方面的世界级专家。他的孙子亨利(Henri)，推进了在磁作用于偏振光的效应方面以及在吸收和发射光的晶体方面的工作；1896年，他利用X射线照射发光晶体——并因此发现了放射性，这是20世纪实验物理学未预料到的大发展的基础。[2]

我们在这里注意到，在这种实验物理学与该博物馆的其他研究(特别是晶体学)之间的连续性。我们看到，这样的对“效应”的研究怎样能够阐明普遍的理论(如光与电之间关系的理论)，但是它们也是对自然奇特现象(如光致发光)的调研，及实用工具(如利用化学反应来测量光量的曝光表)的基础。我们也看到，放射性“新物理学”怎样源自这个研究“元素之间的反应”——“桥接”化学和物理学的实验——的长期传统。如果我们检视云的物理学，我们就可以看到这种桥接的另一面。在这里，我按照两位美国现代物理学史家加利森(Peter Galison)和阿斯穆斯(Alexi Assmus)的一篇文章(1989年)的思路，但是我从“认识方式”的观点发展了他们的论点。

云、尘埃和控制

19 世纪初许多人对云的形态感兴趣，特别是山水画家如康斯太布尔(John Constable)。(19 世纪末，罗斯金继续了此传统。)在宽泛的意义上，我们可以把这叫做“形态学”，但是它并不比一种外形分类学——某种博物学——多太多东西。要**说明**云形成的条件，需要了解大气中的水在不同的压力和温度下的溶解度，但是这种**分析的**理解在化学家和其他研究者中变得如此平常以致**我们**很少注意到它。可是，越来越多的经验表明，简单分析的框架并不充分——当气体冷却或压力降低时，水并不凝结，除非存在粒子，在其周围水滴形成而产生“云”。[3]

受工程学训练的苏格兰人艾肯(John Aiken)研究了云的形成，他投身于自然哲学中的实验——他是许多未获报酬的投身者之一，如焦耳和达尔文，他们创立了 19 世纪英国的许多科学。这项研究由威耳逊(C. T. R. Wilson)在卡文迪许实验室继续，该实验室在 19 世纪 70 年代创建于剑桥，是测量和实验的家园(Schaffer，1992；Sviedrys，1970；1976)。威耳逊来自湖区，对气象现象着迷，他在实验室里对其模拟。当后来他发现离子也能够作为水滴形成的中心时，他的“云室”成了研究带电粒子的一种工具——剑桥粒子物理学研究中的重要工具。威耳逊继续集中研究云室的**分析的**用途，而他的更加著名的同事们围绕云室做成了实验并进而帮助建立了原子物理学。加利森(Galison，1997)详尽地探讨了在 20 世纪物理学中分析者、实验者(和理论家)之间持续的相互作用与张力。

但是要掌握 19 世纪物理学的形态，我们不能跑到 20 世纪，而应该问有关实验方式及其与其他认识方式和工作方式之间的关系的问题。在这里，我们注意到“尘埃”的反复出现，在与巴斯德和丁铎尔相关的地方已经提到。艾肯和威耳逊也进行过这种经典的“尘埃”实验，谢弗勒尔称这种实验为**事后的实验**，贝尔纳称之为对照实验。所有四人都独立研究除去尘埃后的“空气”，然后研究“添加尘埃”后所产生的效果——无论是在云的形成上还是在有机物质的发酵上所产生的效果。这些“合成的”实验证明了“尘埃”在这些不同现象中的角色——它们证实了在对这些现象的分析理解中一个特定“元素”的作用。这些作者可能已在约翰·赫歇尔的培根主义书中识别出自己的方法：“当我们生成化合物并使原因起作用时，我们就做了一个重要类别的实验，其间我们将特意排除某个特定原因，而有意接受某个其他原因；并将结果与在进行研究的对照结果进行比较，根据其一致或不一致决定我们的判断”(Herschel，1835：151)。

对“原因”的充分**分析**使实验主义能够广泛发展。正如法拉第指出的：“作为一个实验主义者，我必然会让实验引导我进入它能够证明的思想系列；确信实验像分析一样，如果正确地解释，必然导向严格的真理；并且也认为，就其本质而言，实验对新的思想系列和自然力的新的条件有着多得多的启示作用”(Thompson，1898：242)。

但是我们注意到，这些关于云的实验的另外两个特征，使它们与化学合成和生物实验归到一起，物理学似乎对之很陌生，因为物理学通常强调抽象、理论和数学。这些云的实验可以是真实的云的模型；用加利松的话来说，它们是“模拟的”。(人们需要一个名词来表示那些模拟显得更加自然的化学或生物实验吗？)一种使用云室的方式是把玩它使之重现自然现象——这使艾肯着迷，使威耳逊从没有失去对气象学的兴趣。像化学家“重新创造”有机化合物、生理学家在实验动物身上诱导糖尿病一样，物理学家是在模拟“自然”——并具有控制的潜力。

这种实验可能比大多数物理学史所认为的更加普遍。如果在约1880年的曼彻斯特，在英国的第一个地方大学寻找个案史，我们就会发现学者工程师雷诺(Osborne Reynolds)对“室外物理学”非常感兴趣。他以其对流动和润滑理论的分析(雷诺数)而闻名，但是他也模仿河口，他(为了好玩？)表明闪电怎么能够击爆树(通过煮沸树液)。他的化学家同事罗斯科(Henry Roscoe)和物理学家同事舒斯特(Arhtur Schuster)都是光谱学专家，他们在实验室中重现了与从天体观察到的光谱图相似的光谱图(Schaffer，1995)。在分析自然的或技术产生的现象中使用的技术，也可以用于实验的重现，但是这些实验也可以成为分析的技术——在某些情况下为某些目的，实验可以隶属于分析(Davies，1983；Kargon，1977)。

在这里，回忆我在第一章中关于“认识方式”层叠，以及不同的可能的等级的评论。现在到了扩充这个讨论，并思考科学的(竞争的)分科，在这些分支之间的地位的不同，及这样的地位差别随时间和地点变化的方式的时候了。这些思考也用于引入本章的最后一部分——论述实验和发明之间的关系。

实验主义和知识的等级

我们已经提到贝克勒耳(Alexandre Becquerel)通过研究光对化学反应的影响，创造了能够用于测量光量的曝光计。丁铎尔对空气中尘埃的研究和在云的形成方面的工作，产生了测量空气中尘埃量的仪器(并因而引起了对雾、烟雾和通过空气传播的传染病——维多利亚时代城市的重要问题——的研究)。“实验作为分析”，是分析合成辩证法，以及实验研究和“真实世界”调研之间关系的一个重要部分。这些有争议的关系，在不同的学科以不同的方式表述，反映不同的力量关系。

有时，“室外物理学”的或“技术系统”（以及相关的仪器）的研究被称为“应用物理学”（并因而被贬低），但是也许我们使用另一套医学科学和化学中共有的术语框架会更好——用“普通”和“专科”对比，如普通病理学和专科病理学，“普通”涵盖如发炎这样的过程，“专科”指特定疾病或特定器官的损伤。化学既指普通化学，如反应机制的研究；也指专科化学，如氯化物的研究。这些表述中的对比，不是在理论和应用之间，而是在努力进行普遍解释和关注解释世界的复杂事物之间；用我的话来说，是在“元素”的性质和特定“化合物或系统”的性质的研究之间。我们最好记住有多少“物理科学”因其研究“化合物”可能已经被叫做“专科物理学”。并且这还在继续。

当然，元素和化合物之间的区别是相对的。科学进步的一部分可能是将“元素”看作“化合物”（或者看作一种基本的元素的衍生物），例如，将原子看作“亚原子粒子”的“行星系统”。云室的“更高的使命”是成为带电粒子检测器，即分析原子衰变的一种手段（及确定衰变原子也存在“于自然界里”的一种手段）。因此，分析和综合可以在更深层次在辩证关系中重建，“普通”和“专科”的支点就相应地移动。

因此，考虑卢瑟福（Rutherford）的观点（他是曼彻斯特的物理学教授舒斯特的继任者）——科学要么是物理学要么是集邮。他不但主张实验对（纯）分析和博物学的霸权，而且主张从事普通对从事“专科”的霸权，他的新物理学对在曼彻斯特占据“他的”大楼很多空间的电子技术的霸权。我们在下一章将看到，舒斯特已经认为电子技术至关重要，并且力主车间和大学实验室之间的连续，但是卢瑟福不感兴趣；电学工作可以在大学或专科学校的**电子工程系**进行(这确实在曼彻斯特发生了)(Wilson，1983)。对他来说，原子的组成部分是“科学”的中心，这种看法在20世纪的大部分时间里仍普遍存在。且由于原子物理学和天文学之间的联系，并因而拥有对无限广袤的、大能量的、原初的宇宙的解释而加强。在第二次世界大战以后，曾经是典型“无用的”原子物理学提供了廉价、清洁的能源和军事优势——以及是基础——的前景。这种基础的观点，当由被战争而凝聚在一起的一代科学家用以说服政府时，创造了庞大的国际性的实验物理学设施，如位于日内瓦的欧洲粒子物理实验室。然而，现在，当这种观点被更生物学的和商业的观点竞争时，我们可以更清楚地看到它是怎样构成的，实验主义如何及在哪里受到挑战。

例如，我们已经看到，实验的重要据点之一是19世纪后期的生理实验室，在那里化学分析和组织分析大多从属于该生理学研究所所长所进行的活体动物实验。但是假设该研究所所长是化学家或组织学家而不是活体解剖的代表人物，在这种情况下，重心可能会是分析的，并且可能会做实验来产生分析用的新物质，如完成一系列分析实验。或者，当生物物质必须在缺乏化学测定的情况下进行测量(和标准化)时，研究者就会采取称作生物测定的常规“实验”——设想测量“神经生长因子”对取自鸡的早期胚胎的脊椎神经中枢的作用效果。在这样的生物测定中，目标是测量物质，而不是探求效果；“实验”在这里用于分析。

更一般地说，在如医院实验室的门诊环境下，诊断和治疗的分析价值可能是主要的，而实验可能是从属的。在19世纪早期的法国，巴黎医学研究院推进了对动物呕吐机制的生理研究。在大学实验室这些可能会是探讨反射的手段，而临床医生的取向是阐明引起患者呕吐的条件(Lesch，1988)。同样，电刺激神经和肌肉可以是探讨正常和异常反应机制的一种手段，或者是澄清神经和肌肉紊乱的一种手段。显然这些取向只是程度问题，但是这类细微差别，在知识的政策和决定特定地点的研究发展中常常很重要。“临床研究”或“工程中的研究”的历史表明，在实践取向的机构中，分析常常成为偏好的科学方式，而在这种形势下，“实验主义”可能是从属的。

这些细节关系不太大，但是总体观点很重要。在讨论科学项目中，我们能够分析认识方式的组成部分以及它们之间的逻辑关系，但是我们也需要评价该项目的“方向”——它的领导和在主要的认识方式上的取向。如果要寻找对其总体形态的解释，我们就必须注意到社会生活的偶然性和偏向某些模式而不是另一些的知识政策。同样的内容大多适用于实验和发明之间的关系。

实验和发明

在准备使用我的特定的“综合”意义来定义实验主义时，我也将实验和博物学(实验志)、分析(分析的测量，等)相联系。同样，当试图确定作为19世纪技术的一个重要功能的发明特征时，我们需要考察相对宽泛的意义，这里发明伴随其他制造(及认识)方式一起出现——伴随手工艺(及博物学)和合理化生产(及分析)。我想指出，手工艺通常是传承的而不是新事物，合理化生产在某种意义上是重组已存在的过程，但是(综合的)发明像(综合的)实验一样，创造新东西——以前并不存在的事物和过程。这是我的用法的核心，尽管明确，但定义也会随语境而变。

某些“发明”(invention)可以认为是“发现”——来自“*inveni-re*”，意思是“偶然发现”，现代英语早期的一种用法。[4] 烤猪肉可能是在被火烧过的猪圈中发明(或发现)的，有些药也是偶然被发现的。通过“拷问”物质，在培根的意义上我们可以发现新的有用的特征，如新种类的硬罐或加工皮革的更好的方法。这里我们看到与博物学和手工艺之间的联系，并且只要更复杂的发明包含许多由试错而获得的微小调整，这种最简单的发明实际上可能才是根本的(Basalla, 1988)。但是通常，发明已经包含某种**分析**，某种评估“需求”或经济上的可能结果的企图。那么，为什么我将发明和分析、合理化生产**对立**？ 难道哈格里夫斯(James Hargreaves)的多轴纺纱机不是“发明”(O'Brien, Griffiths and Hunt, 1996)？

多轴纺纱机模拟轮上的纺纱动作，它使捻转与前后运动机械化，因而使一个人能够同时纺几条线。人们会认为，许多人已经想到以这种方式“加倍”纺纱，但是要做到如此成功还包括手工艺技巧和坚持。我们可以称之为**分析的发明**；它们充满于工业界，因为工业界的许多商品是以前手工产品的机械化生产的替代物。当然，你可以论证在什么时候分析的发明超越“重构”或多倍复制而产生“新事物”。在1800年曼彻斯特的工厂，装满机器的七层楼房在多种意义上具有新意；它们包括许多独创性，并要求管理(另一种新事物)；但是它们仍然多为重构手工艺过程。

然而很明显，在某些情况下，发明可以是**综合的**新事物，意在满足设想却从未实现的目标。许多这样的目标，如人类飞行，持续了数个世纪才实现。像合成实验一样，发明可以由关于新世界、或旧目标需要新手段的世界的假设所引导。

“发明是来自‘先有技术’的一种新的组合”，一本论述发明的社会学的奇书这样写道，该书充满警句，其中多数比较易懂(Gilfillan，1962)。但是，它们在这里可用于强调在物质或过程、资源和目标的水平上的组合和综合的思想，正如奇怪的带刺铁丝网个案。当北美的大平原开发为牲畜大牧场时，发明了带刺铁丝网。起因是需要用栅栏来限制牲畜走动，但木材和石头稀少且需要的栅栏很长，最初试验了两种方式：一种是其他地方的传统方式——带刺的树篱；另一种是新的工业产品的改制——(平的)铁丝作栅栏。两者的效果都不好，但是之后有人想到了将它们混合。带“刺”的铁丝网效果(以及销售)的确很好(Basalla，1988：第2章)。

这样的例子表明，综合发明和合成实验非常相似；但是很明显，除了总体目标外也有许多差别。带刺铁丝网的组成成分是日常物品，不是需细致分析或任何其他形式仔细研究的物品；将它描述为一种发明，将它的初始使用描述为一种“试验”而不是实验，这似乎自然。但是当然，其关系可能随时间而变化。发明像任何其他技术产品一样，可能促使为生产和使用的合理化而进行的分析，或者甚至提出吸引正在建造系统知识的研究者的问题。毫无疑问带刺铁丝网的成分和维度现在已经被彻底分析，使在满足任何特定用途的情况下产生最大的节约，也许铁丝网的形态已经吸取对牛皮中神经末梢分布的研究成果而精致了。(谁知道——也许有“牛皮动力学”的技术科学网？)

但是，如果综合发明可能促使分析的(或实验的)研究，对相反的关系我们会说什么？关于分析研究作为综合发明的来(资)源，我们能说什么？

也许在分析和实验的讨论中，我们已经给出了一种答案的核心部分。由分析科学发现的元素能够**普遍化**——即，使它们成为科学的“元素”，而不只是某种特定的手工艺过程如纺织的“元素”。因此这些元素能够以新的方式集合在一起——不仅是作为合成实验(为光)，而且也作为“综合”发明(为果)。约自1800年以来，分析的科技医的大量扩展使人们获得了处理“元素”的许多新程序，它们对发明者有用；而我们已经讨论的实验主义，从法拉第一直到19世纪后期的大学，产生了“效益”和仪器，如电机模型，发明者可以对其把玩并开发经济用途。19世纪后期的许多经典的电器发明起源于实验设备——以不同的方式集合而产生“经济”效益。从这样的例子中，我们开始看到不仅合成实验和发明之间具有相似性，而且它们具有相互的、创造的和生成的关系。既能产生光又能产生果的模型系统形成了新(综合)技术的核心。

19世纪后期，科学和技术之间的这些关系并不意味着所有的发明者都是有资格的科学家，但是它们揭示了为什么来自大学实验室的、跟上最新发展的智慧终于成了有用的商品，为什么某些学者也得益于相互作用。在19世纪末，大学和工业在少数一些科技医领域的合作正在形成，特别是在电工学和既是染料又是医药品的合成中；在20世纪，它成为大学、公司和政府的重要部分。这些相互作用的成长和变化，以及它们的局限，是下一章的主题。

第七章 工业、大学和技术科学联合体

我们首先检查高科技行业中大学与商业公司之间的关系现状。公司从大学雇用获得不同级别学位的科学工作者，范围从最低的学位，到受过训练的研究者，到能够在公司实验室制定新的重要工业研究计划的前沿专家。他们很可能也接受来自院校顾问的正式或非正式的建议，这些顾问利用个人的知识和经验，或者也可能利用他们的大学研究小组的工作。公司图书馆订阅科学期刊，其内容多为学者所著。也许公司的研究人员有时使用大学的设施，虽然对于大公司，现在的关系可能相反。学者从公司接受资助——也许资助研究生在公司感兴趣的课题上进行研究，也许捐赠支付实验室的运转费用。或者，资助可能采取非货币的形式——提供仪器或研究材料，如稀有化学制品或专门培育的实验动物。除了公司的直接资助外，学者也可能因该研究预期对于工业重要以及其学生可以在技术前沿问题上工作而从政府或大学资金中获得经费。

现在，人员、信息和资源的交换引人注目；缺少它，很少有高科技公司和领先的院系能够成功。但是我在前面提到过，这些网络也包括其他组织：对于医学科学和技术，医院至关重要，但是也可能涉及普通医生——在临床检验以及更一般地说作为医疗产品的购买者。在具有军事意义的领域，军队雇用的科学家和工程师非常重要。扩展到农业也很明显。在所有这些领域，政府实验室作为革新者可能必不可少；更一般地，它们提供标准、试验材料、检查规格、评估需求，等等。在最花钱的科学领域中，设备花销超过大学或公司的承受能力，这时政府可能被劝说必须资助——个别地或集体地。可能因此学者得以使用稀有设备，工业家得到建造合同并从“附带的”技术得利。政府获得声望，并希望取得军事和工业的优势。[1]

这些是**技术科学的**联合体，它们主导我们时代的知识和商品生产。正如我先前提出的，对它们的分析，通过认识到大学和工业、科学和技术的紧密交织，与试图分裂它们相比，我们会收获更大。本章即论述这些相互作用的发展，论述在工业和院校之间流动的物品、知识和技巧，论述既是这些流动的条件又是其产物的社会关系(Latour，1987a；1987b)。

在上一章，我引入“综合发明”作为“合成实验”的对应物，并提出这两种综合有时候密切相联。典型地，实验室的“模型系统”或者能够提供光或者能够提供果(使用培根的术语)；在知识和实践的层面都能够探求时，这样的模型就成为**技术科学**的核心——生产知识商品的机构和项目的核心。如果将技术科学看作一种**认识**方式和一种**制造**方式，我们便强调了科学历史和技术历史的汇合，本章即是论述它的。我们也容许**不同种类的**技术科学。例如，大型探险队可以认为是**博物学的技术科学**——寻找标本的学者、政府和工业的网络。在法国大革命后的专业机构和政府/军事部门，可以有效地被称为**分析的技**

术科学，在本章的开始部分，我们将进一步探讨19世纪学者和工业之间的分析关系。但是本章继续追溯院校—工业合作更密切的形态，我已经称之为综合的技术科学——当学者和工业家在知识和商业方面都令人感兴趣的模型系统上工作时，当综合的实验/发明在大学、研究机构和工业研究实验的网络中发展起来时。

我以前提出，这样的网络包含我们所有的认识方式和制造方式——博物学和手工艺，分析和合理化生产，综合实验和发明——但是我们还注意到，它们也可以被不同地“领导”。技术科学网络并不都是“工业的”，当某些项目由于军事、公共卫生或国家声誉的原因由国家机构领导时，它们就是“政府的”。其他某些项目由学术团体领导，后者劝说政府相信了那些可能获得的产品或声望值得公共投资。

本章检查19世纪后期重要的工业的技术科学(电工学和药品)，然后略述在两次世界大战中某些重要的国家项目(如毒气和原子能项目)。在第一次世界大战中建立的国家—院校—工业联合体常常时间不长，而第二次世界大战中建立的则在战后的美国和英国继续发展。我以检查在20世纪末国有技术科学的相对衰落和工业—院校联合体的继续增长而结束本章。

但是，在追溯科学与技术的紧密联系的发展时，我们必须牢记，在19世纪的大部分时间以及直到第二次世界大战的许多行业，工业的发展不是强烈地依赖大学或高等科学教育的其他形式。而在如此依赖之处——在大多数国家中的化学，和德国的大多数技术——这种互利关系很大程度上处于**分析**的水平。

分析和已确立的技术

在第四章，我们已经讨论了某些19世纪特有的、可以称之为**分**

析的技术科学的相互作用，包括使用大学毕业生(特别是化学人员)当顾问，以及他们在卫生和险情的政府调控中新形成的角色。特别是在化学工业中，许多经营者具有充足的科学知识和与当地教师及科学团体的良好关系。在机械和市政工程中，同样的网络也在起作用——在经营者、顾问和教师之间——多为解决实际问题。以霍奇金森(Eaton Hodgkinson)作为曼彻斯特的一个例子；他是一位“献身”数学的人，与费尔贝恩(William Fairbairn)一起进行桥梁的设计以及建造一座跨越梅奈海峡的完全新的“管”桥，他后来成为伦敦大学学院的工程学教授。霍奇金森进行了材料强度的实验，但这些是在费尔贝恩的工厂中完成的(Rosenberg and Vincenti，1978)。在许多工程领域中，技术问题通过试错或者通过系统的测试，而不是通过计算来解决。例如，惠特沃思(Joseph Whitworth)在曼彻斯特郊区自家的测试场发明了他的来福枪(Musson，1975)。

很少有“大(英)工程师”是大学毕业生，但是这并不意味着他们仅仅依赖手工艺技巧。其中许多人在大型机器制造厂当过学徒——直到19世纪末，这仍然是人们偏爱的一种训练方式。他们大多数人了解一些数学，阅读工程学杂志，追求专利，知道其他地方的发展；他们常常是正式科学教育的赞助者——因而既扩大了专家群体，又扩大了受教育的工人群体。约1825年后，大多数工业城镇中的使工人阶级获得知识的机械学院，其资助者中常常包括工程师；19世纪50年代以后创立的科学学院和地方大学学院，也得到同样的资助(Inkster，1997；Inkster and Morrell，1981)。

曼彻斯特的欧文学院(Owens College)，在经过一段不稳定的开始阶段后，于19世纪60年代开始兴旺起来，这部分是因为其化学教授罗斯科可以指望本地重要的工业家的资助。学院设立了一个工程学教授职位，并由雷诺担任，这主要是由于地方重要工程师的支持；到该世纪末，大学学位是高级学徒合适的条件。惠特沃思的部分财产用于设立工程学奖学金，余下的分到了大学、专科学校和新的教学医院。反过来，大学教授和他们的毕业生又作为当地工业建议者、顾问或管理者(Kargon，1977)。

这是英国的模式，但是在这些方面，德国从19世纪30年代后是主要的外国模式，并有时被引入。英国世纪中期的领先化学家多在德国受训，一直到霍夫曼(我们已讨论过其原子模型)将化学教学设施延伸到伦敦。一些德国化学家在英国工业界短暂工作，如卡罗(Heinrich Caro)从曼彻斯特回到德国领导染料研究；一些则留在英国并建立化学公司，他们常常成为化学教育的倡导者。

在德国，高等专科学校讲授工程学(Lundgren，1990)。领先工程师有许多在其中受教育，一些毕业生移居英国和美国，并在那里大力促使在大学中开设工程学。几位曼彻斯特的工程师，如机车制造的拜尔(C. F. Beyer)、面粉生产的西蒙(Henry Simon)，在德国(或瑞士)的工艺学校受训，并且也是大学和专科学校的资助者(Simon，1997)。但是，即使在19世纪后期具有强大科学教师群体和关心技术教育的曼彻斯特这样的“先进”城市，每一方面都各司其职。在新的大学里，化学家教授分析和发展实验学科；作为工业的顾问，他们自己并不进行涉及工业生产方法的实验。这种更紧密的相互作用**可能**在专科学校和从19世纪50年代开始发展的专业教育项目中发生，但是直到19世纪90年代之前，很少得到政府的资助，而资源和工业机密及竞争问题妨碍了深入特定技术。

这种情况在工业化英国的另一大首府格拉斯哥有点不同。格拉斯哥作为一个苏格兰城市，具有很强的公共教育传统和一所历史悠久的大学，其中包含一个医学院。我们已经提到，格拉斯哥有一个自然哲学教授职位，它吸引了汤姆孙来当教授。汤姆孙是一位著名的数学家和实验主义者，他对工程问题特别是新出现的电工学很感兴趣。但是从1838年开始，格拉斯哥也有了一个工程学教授职位，其担任者对蒸汽机的分析作出了重要贡献(Channell，1988)。这种对在英国的地方首府是非正式的活动的正式的支持，促进了学术界和工业特别是涉及电信技术的行业更加紧密的联系。

到约1900年，英国的领先大学和学院已经具有学生“实践”的实验室，在20世纪，顾问工程师大多受过正式训练，至少在专科学校的夜校上课(Guagnini，1991)；但是，我们不应该夸大高等教育或系统研究对工业的普遍影响。在约1900年，许多制造方式是(崭)新的，如来福枪、自行车和小汽车，它们包含许多发明，但其中很少来自学者。英国的发动机制造商直到第二次世界大战时都很少做“研究”，且很少雇用“大学毕业生”(Buchanan，1989)。“开发的产品”通常是“先有技术”的组合；相对较少来自“实验室”。与电工学比较，这当然正确，电工学成为19世纪后期一门重要的综合的技术科学。

电学分析和合成

从某些意义上说，电学技术产生于自然哲学家的实验室；它们“出生到”测量、定量、展示和寻求原理的世界上。[2] 电学原理和实践之间的关系紧密，也许特别是在英国，19世纪早期的重要发现与强大的科学和技术业余文化正好同时。皇家研究院的法拉第是电学实验者的典型，他的听众包括具有实践兴趣的许多专家和制造商(Berman，1978)。一种对自然哲学的喜好在中产阶级和工人阶级圈子中充分地发展起来，特别是在工业城镇里；关注蒸汽机的专家、技工和发明家也可能对电池、发动机和发电机感兴趣。

法拉第本身研究现象并不是为了商业利益(尽管他花了许多时间在如采矿安全和灯塔这样的实用事务上),但是与他关系密切的同事准备继续他的实验并开发其用途。当法拉第表明在磁场中运动的导线如何能够产生电流时,他的朋友惠斯通(Charles Wheatstone)开发了这个成果而创造了电报机。[美国电报和电码的发明者是莫尔斯(Samuel Morse)。]惠斯通由于以前关于声音传播的工作而处于对"需求"的准备状态。他在家族公司制造(革新的)音乐器材,因而认识到电作为一种更好的、传播振动的方式的潜力(Dostrovsky, 1976)。通常,电信技术继续由发明家和工程师发展,但是,如管桥的例子一样,采取系统试验和也许更复杂形式的分析,有时会遇到困难。

当技术发展至非常深奥时,可能更需要分析的建议。创造横跨大西洋的有线电报成为巨大的技术挑战,这最终超过了受公司委托把握技术方向的工程师的知其然;但是汤姆孙(后来的开尔文勋爵)从一开始就预言,将必须使用很小的电流,需要如他已经设计的很敏感的检测器。他被证明是正确的,他的格拉斯哥大学实验室——对于仪器制造、测试电缆材料和培训电报人员——变得非常珍贵;学生实验室练习包括真实的工业任务;大学一个系的一部分与工程公司相互交叉。汤姆孙的科学拯救了一个昂贵的高声望的项目,并使他获得了大量的财富(Smith and Wise, 1989)。

电信技术是一种具有巨大商业价值和政治价值的、新的、重要的通信技术,特别是对于帝国的力量,但是它的影响在19世纪最后20年首先被在美国的供电系统的发展大大超过。这些系统开始是用于电力照明,但是也可用于电车轨道的电动力系统(Hughes, 1983)。其结果之一,是对电机工程师及特别是技术人员的巨大需求。在该世纪末，技术教育的发展集中于这个需求(这个需求也由私人课程满足)。因而从某种意义上说，正是为了电学技术，正式教育成为培训技术人员的常规方法，如，正是为了电信技术，测试实验室成为培训工程师的常规方法。

通过再来看曼彻斯特，人们可以看到在大学层面产生的某些结果。在1900年，一个研究物理学和“电工学”的新**研究所**成立了。它具有一个大型实验室，装备了最新的电学设备——发电机、发动机、照明系统等等，学生们能够在这些设备上“工作”。该实验室与当地重要的电气公司有密切联系，它以霍普金森(John Hopkinson)之名命名，霍普金森是一位学者型工程师，来自曼彻斯特的一个工程师和学者家庭，他于49岁时在一次攀登事故中丧生。

霍普金森在曼彻斯特接受科学训练，在剑桥接受数学训练，放弃了在三一学院的研究职位而为米德兰西一家光学公司工作。由于汤姆孙的影响，他对电感兴趣。6年以后，他移居伦敦成为一名顾问工程师，并在受任伦敦国王学院(King's College)的工程学教授之后还保持实践，他在学院领导一个由西门子公司赞助的实验室。在那里，他进行交流电特别是发电机的设计工作，这项工作他也与自己的兄弟合作，后者也在接受曼彻斯特和剑桥的精致教育后成为马瑟和派亚特(Mather and Piatt)公司新的电气部门的领导者，马瑟和派亚特公司是曼彻斯特的一家大工程公司，以生产纺织机器而闻名。霍普金森也服务于建立电力照明标准的委员会(Dibner，1972；Fox and Guagnini，1999：第3章；Guagnini，1991)。这样的职业生涯很好地表明，大学训练、顾问和研究对于电气工业如何变得重要，但是这种协作也可以从“另一面”，即通过工业内部的发展，特别是研究实验室的发展来看到。

在这里，我们最好的向导是研究美国的公司，美国公司早期且成功的研究实验室已经吸引了几位优秀的历史学家(Hounshell and Smith，1988；Israel，1992；Reich，1985；Wise，1985；Dennis，1987)。这样的实验室很易被看作现代工业的心脏、技术科学的典型，但是我们需要小心对待不同的时期和不同的行业。无论这个模式在2000年前后的强度和广度怎样，它在1900年却是罕见。我已经首先略述了英国的历史，部分是因为我们需要谨慎地对待将科学和技术看作必然汇入工业研究实验室，这些工业研究实验室由美国电气公司和德国化学公司先行建立。虽然**某些**这样的“汇入”从长远看可视作是由过多的方面决定的——在大部分相关地点或早或迟成功，但其发展的形式和时间却是非常偶然的，而直到第一次世界大战之后，这种模式才广泛建立起来。确实，有**几个**观点不支持工业实验室与应用科学和新产品开发(及将其中任何一种等同于经济成功)的普遍合并(Edgerton，1996b)。

第一，早期的某些工业实验室，如爱迪生(Thomas Edison)在1870年建立的，最好看作是发明工厂；科学处于边缘地位。发明者走到了前台，因为电信公司之间的竞争创造了技术进步会取得相对优势的希望。爱迪生建立了一个实验室，因为他得到了一个合同，认识到自己需要许多新设备，并且要快。那时，特殊的工业条件有利于快速(综合)发明，但这不是仅有的、特有的环境因素。美国公司在约1900年建立了实验室，部分是因为反托拉斯法，这使他们购买那些持有他们希望得到(或阻碍)的专利的公司变得困难。在德国，工业实验室仅仅在1876年之后才发展，1876年专利法的修改阻止了惯常的“拷贝”新染料。这样的“规则环境”总是技术科学模式强有力的决定因素。

其次，许多工业研究和开发在“实验室”之外继续。发明者并没有消失，在工厂中或者在野外，分析可以进行，实验可以操作。确实，正如福克斯(Fox)和瓜尼尼(Guagnini)所主张的，费兰梯(Ferranti)在德特福德所建造的向伦敦供电的发电站可以有理由认为是一个大的复杂实验。它花费了大量资金，那样规模的技术还没有试验过，它经过了数年才能正常工作。有一些实验不适合实验室！（这是以**项目**的观点、而不是给予其**地点**首要地位分析科技医的一个原因。）

第三，我们需要注意，实验室并不必然是为创造新产品而建；大多数公司建立实验室，是为了更好地控制生产而进行分析，而这一直是大多数公司实验室的重要功能。实验室可能研究过程和材料的改进，而这个任务可能接近“发明”，但是在 1900 年以前**非常**少的实验室将重心放在新事物上。这并**不**是“落后”的标志——工业进步多数过去是(现在也是？)通过“现场”或者通过分析实验室/测试实验室完成的改进积累的。[3] 而且，当然，即使在“综合”工作是中心的地方，分析的功能仍然重要，这在论述实验主义实验室的前一章已经看到。

总之，工业实验室对于分析、产品和过程的许多形式很重要，它们在某些行业中对于发明/综合和“开发”也很重要；但不是所有的这些活动在任何一个特定的实验室中都出现，而且其中任何一个都不是实验室的必要条件。**可是**，在某些公司，工业实验室成了所有这些活动都能聚到一起的地方，在那里，所有相关的认识方式和制造方式都能运用并且与大学和政府机构相联系。这些关系的总和是工业的、综合的技术科学。

电工技术和工业实验室

已经提到，美国系统化发明的重要例子是爱迪生，他是一位自学的电报员，成了发明家，他对数学了解很少，但是广泛阅读实用科学著作。在1870年，他赢得一份改进纽约股票报价系统的合同，为完成此目标，他建立了一个私人实验室，有50名雇员。这个实验室于1876年在米诺公园扩建，于1887年在西奥兰治扩建，它是爱迪生进行系统发明的工具。通过发明活动，爱迪生得以将供电系统的所有元素组合到一起。到19世纪70年代后期，他被视为改变世界的一种技术的主要发明者；他是1881年巴黎世博会的英雄，在这次世博会中，欧洲首次出现了电灯(Fox and Guagnini，1998：125)。

他后来的设施包括，藏书广泛的图书馆(为了信息)、试验设施(多为了分析)，其中心是用作发明的一个实验室，可测试新的组合体。爱迪生"通过设计发明"来填补"市场的空白"，他的方法是"反复试验"；但是到20世纪早期，在他的实验室和其仿效者的实验室中，科学的专业训练变得更加重要——在利用新的物理发现方面，在与学者保持更好的联系方面，在招募有能力的人员(他们更可能是扩充后的大学的毕业生)方面。[4]

对1901年在施内克塔迪创建的通用电器公司实验室的一项优秀研究揭示，学校科学与一定的新的工业地点之间有紧密联系。其四十多年以上的重要研究者之一是朗缪尔(Irving Langmuir)，他从哥伦比亚实用科学(冶金工程学)专业毕业，然后在格丁根大学师从能斯特(Walther Nernst)攻读博士学位，研究发光铂丝周围不同气体的分解。能斯特是热力学研究的世界带头人，但也对实际问题感兴趣；他设计了一种新型电灯泡，很成功。在通用电器公司，朗缪尔在物理学的许多重要领域进行了工作，包括表面现象；他赢得了很高的声誉，并由于他的"科学"而获得诺贝尔奖；但是，如果认为他的工业工作是应用科学，这样的看法可能是“学者的”扭曲。它似乎更适合本书遵循的图景——能够用于多种目的，**既**用于原理**又**用于实践的“组织模型”的创造。

朗缪尔在通用电器公司开始试验延长灯泡的寿命，研究不同种类的灯丝并发现残留的气体粘附在真空灯泡的玻璃上。实验的组织与能斯特研究发热金属丝周围的气体平衡所使用的很相似。朗缪尔被引向了对氢分子分裂为原子的研究；他也被引向了提出灯泡应充满惰性气体而不是真空——一种具有巨大商业价值的方法。对氢分解的进一步研究，导致了原子氢焊枪的发明(Reich，1985；Süsskind，1973)。

人们可以讲述两次世界大战之间英国工业研究的类似故事，尤其是曼彻斯特的默特罗—维克斯，当时它以其工业奖学金和与最好的学术设施密切相关的实验室而闻名。但是，首先我们转到早期的、强烈相互作用的另一领域——染料医药联合体。

染料和医药

再一次，关键还是综合——新分子的合成，其中一小部分具有商业潜力。其特殊的条件包括，德国的化学公司寻求新种类的行业，丰富来源的化学人才(**来自**大学课程，这些课程设置用来推进——在医药、医学和农业，以及工业中的——分析)，以及我们已经指出的，在19世纪70年代制定的新的保护生产过程及产品发现的专利法。我们还可以给这些条件增加染料和医药行业的一般条件——感受到的对新市场的需求，以及很重视部分源于“时尚”的新事物。想一想，以服饰新颜色为时尚，或者在专利药物上的巨大花费。也注意一下19世纪70年代细菌的发现和免疫的偶然发现——对于有科学和医学联系的公司，它们都开启了治疗的新方法。

但是我们不要预期。合成染料的第一次发现是偶然的，由皇家化学学校霍夫曼的一个学生珀金(W. H. Perkin)作出。他的发现变得著名，但是并没有直接导致一个新行业，因为似乎很少有其他这样的染料可供利用，并且染工一直在通过传统的手工艺方法生产新东西。但是，到19世纪70年代后期，几种新类型的染料发现了，并且德国公司正在与作为顾问并提供大学毕业生的大学化学家合作。当需要开发新产品时，这些公司开始了派大学生化学人员到大学实验室工作。“工厂里”的化学家那时大量从事分析工作——分析公司自己的产品和生产过程，分析他们可能想复制或者至少想了解的其他公司的产品。但是新专利法非常重视“自家”的产品，并且新近偶氮染色的发现开启了新的途径。一些公司从合作大学“撤回”他们的雇员，使他们集中精力在为开发新产品而设计的工业实验室中工作——由分析和信息部门支持。在这里，发明如在爱迪生的实验室中一样，成了“群众工作”。许多化学家试验许多化合物——很少成功——但是，在一个建基于时尚的市场中，一种优良的新事物值许多钱(Beer, 1959；Fox and Guagnini, 1998：第1章；Travis, 1992)。[5]

到世纪末，这种模式充分建立了并且反馈影响教育系统。大公司的技术总管推动大学和学院中设置更多的实用课程。当失败之后，他们在新世纪资助新的冒险事业，包括在威廉皇帝学会支持下的一个化学研究所，威廉皇帝学会是旨在通过鼓励研究和教学之原理与实用的方面更加紧密的联系而促进德国工业的机构的一把保护伞——如似乎正在美国发展的一样。

染料所用的方法也用于新药品(或旧药物的新产品)，包括阿司匹林等非处方药，其中多为减轻症状的镇静剂。但是，与工业化学实验室正在建立这件事一样，医学科学也正在经历某种革命的变化——多数常见传染病的细菌正在被分离出来。这是一种新形式的医学分析，它分离**原因的**元素，而不是被疾病感染的组织或细胞。至少在用染料将它们染色时，这些原因可以在显微镜下看到(Lenoir, 1988)。

在这里有一种很好的联系。染料自身附着到棉纤维和/或羊毛纤维上——这是它们**存在的最重要的原因**。因此，它们也可以为通过显微镜观察动植物组织和细胞的研究者所用。自然染料如苏木精是显微工作者工具箱的一部分。细菌是简单的植物，为显微工作者所研究；它们也可以被染色，实际上它们的染色特征有助于对它们的分类。为什么特定的染色剂附着于某些生物材料而不是其他的，这不清楚，但是，这个事实是明显的，并且在细菌时代它获得了崭新的意义。人们能够找到一种染料或其他化学物品附着到细菌上，从而杀死它们但不杀死其宿主动物或人吗？ 因此去寻找埃尔利希(Paul Ehrlich)构想的"魔弹"，埃尔利希的故事值得讲述——因为在这样的生活中，元素可以混合而不能将特征描述为要么"科学"要么"技术"；并且通过这样的生活，技术科学网络创建了。

针对/来自微生物的药物

从19世纪70年代中期学生时代开始，埃尔利希就对显微镜着迷，特别是使用新染料作为显微标本的染色剂。还是医学生时，他就循着这些兴趣学习，他的周围有几位新"细菌学"的重要创立者。成为临床医生后，他继续研究血液细胞、细菌和染料选择性的亲合性。他的染料之一亚甲蓝能够染色神经纤维，埃尔利希还表明它也能作为一种止痛药。当1891年他发现疟疾中新发现的寄生虫的一种染色剂时，他分发这种染料给两位疟疾患者，获得了一定的成功。在与一位纺织厂的继承人(注意其中的协作)结婚和一次肺结核(注意其中的

“激励系统”)的经历之后，他建立了一个私人实验室来研究免疫——另一种特异性，首先由巴斯德的疫苗工作发现。

巴斯德偶然发现，感染力减弱的细菌能够导致对疾病的抵抗力(与1800年以后为人们所知的牛痘接种产生天花抵抗力一样)。巴斯德研究所不久表明，这样的免疫力存在于血液中——即产生了附着于该细菌(抗原)的蛋白质(抗体)。在这里是另一种新形式的医学分析，它能够在实验动物身上进行，并具有明显的治疗潜力。正是埃尔利希表明，不同的有毒蛋白质也可以作为抗原发生作用并刺激产生反毒素。他的研究又与科赫(Robert Koch)从事的研究相联系，他们率先使用反毒素来治疗白喉——一种多发生在婴儿和小孩身上的很凶险的疾病。尽管当时和后来不是没有对它的批评，白喉抗毒素常常已被列入这种新细菌学的重要治疗成果之一(Weindling, 1992)。

1895年，埃尔利希开始领导一个旨在调研和**标准化**抗毒素血清的“血清站”。标准化是一个问题，部分原因是这些血清不能针对疗效进行化学分析；它们只得在动物身上进行试验而测定。政府在这些新的“生物”药品(疫苗和抗毒素)中的一个重要角色是帮助标准化，这样医生就知道用量的多少。我们将看到，政府的这个功能在20世纪技术科学中一再出现，它常常是增添某种实验工作的基础。确实，1899年埃尔利希在法兰克福被给予了一个新的(政府)机构，在那里他完成了白喉的研究并开始了在化学疗法方面的许多新研究。在法兰克福，他与卡塞拉染料公司(Farbwerke Cassella and Co.)关系密切，他之前已经与之进行了合作。他们按照他的规格制造化合物；埃尔利希发现锥虫红染色了寄生虫锥虫，并似乎能治愈受感染的老鼠。他最著名的产品是洒尔佛散(Salvarsan)，它是人们欢迎的治疗另一种寄生物病——梅毒——的药物。它危险且使用复杂，但似乎宣布了一个理性疗法的新天地(Dolman，1971；Lenoir，1988)。

我们注意到，在埃尔利希的工作中结合的元素——学术研究、临床的研究和实践、政府对新药物和标准化的支持，及与化学公司的合作。这是新医药的配方，在美国进行，以后又在英国和法国开展，主要是在第一次世界大战之后(Davenport-Hines and Slinn，1992；Galambos and Sturchio，1997；Goodman，2000；Liebenau，1987；Weatherall，1990)。到那个时候，英国政府已经建立了医学研究理事会，它促进了研究、标准化和临床试验(Austoker and Bryder，1989)。在这个时候，工业实验室是大多数在“新”化学、药物和电气工业方面领先的“技术”公司的特征，即使是在英国(Edgerton，1996b；Edgerton and Horrocks，1994；Sanderson，1972)。

在第一次世界大战期间及其后的科学和工业

也许正是在战争中，我们才能够看到政府部门中技术科学网络令人惊奇的扩张。最好的例子是，在第二次世界大战中动员北美的科学家生产原子弹，但是首先我想转述第一次世界大战中最具争议的科学的一面，即毒气计划的一个简短的个案研究。我这样做的部分目的是说明动员的规模和复杂性，部分目的是与我们已经对19世纪末的工业技术科学讨论的机构和主题相联系。第一次世界大战是大型的工业战争(Pick，1993)。

德国人在1915年4月首次使用毒气，当时从6000个气罐中释放出一片庞大的氯气云，飘过法英军队的战壕。从战争一开始，双方就已经考虑使用刺激性的“催泪”瓦斯；德国政府接受了来自科学界和工业界的领袖的建议，包括我们上面提到的能斯特。在柏林，威廉皇帝物理化学和电化学研究所进行了多种可能性研究，该研究所是世纪之交政府与产业合作设立的研究所之一，从事似乎超越大学系的能力或倾向的“实用”研究。这个毒气计划的主要发起人是哈伯(Fritz Haber)，他是著名的化学技术专家，是战争期间成为军事管理一部分的另一威廉皇帝研究所的所长(Mendelsohn, 1997)。

美国与英国也组织研究和生产毒气。美国利用其矿务局在华盛顿特区美国大学基础上建立了一个化学作战部。在芥子气研究方面，领导者之一是科南特(J. B. Conant)，他是后来原子弹计划的一位重要人物(也是第二次世界大战后科学史研究和教学的一位发起者)。这些致命化学物的生产厂家不在华盛顿，而是在俄亥俄州的工业城市克利夫兰。在英国，许多大学实验室被征募；针对这些气体提供药物，成了新建医学研究理事会的一个重要研究项目。在这里，可以利用以前进行的、与煤矿企业有关的呼吸系统生理学研究(Sturdy, 1992a)。

正如门德尔松(Everett Mendelsohn)在论述毒气计划中所强调的，即使有，也是很少的科学家对化学战的道德性存在疑虑。科南特清楚，使用毒气毒杀士兵在道德上与使用炸药没有区别。多数德国领先科学家视德国军国主义为西方文明的先锋，而同盟国科学家投入反对“德国兵的威胁”。从19世纪80年代以来，在科技医中日益显著的国际性迅速崩溃；民族主义的政府导向的技术科学正在变得非常明显。

在第一次世界大战中(比在第二次世界大战中多得多)，技术科学项目多由先前的技术项目经验有限的政府和军事机构即席制定。著名的例子是卢瑟福在曼彻斯特实验室中最聪明的一位助手作为一名普通士兵死在战壕中。但是动员的规模变得巨大，而英国政府逐渐学会了使用它的科技医人才以获得更好的结果。它停止派遣物理学家和化学家到战壕中战斗，取而代之的是利用他们改进弹道学或设计出毒气战的技术。

医疗服务也逐渐高度组织化，并将机会给想要成为心脏病学或神经病学专家的新人。救护站和医院的层级系统建立了，从战壕到城市再回到家庭，在这些地方，数以百计的公共建筑和私人住家被征用为医院。至少原则上，这就是作为**分析和合理化生产**的医学模式。在以前的肺结核疗养地和精神病院，特别战时医院建立了，其中医生设计出新的医学种类——“功能”研究方法，它建基于实验生理学并意图使人回到前线(Cooter，1993a；1993b；Sturdy，1992a)。尽管这个庞大的机器在战争结束时大多消失了，但这些研究机构却变得更加壮大，而一些医生获得了“组织”的嗜好，组织在下一轮关于国民医疗保健服务制度的论战中得到复兴。

第一次世界大战对英国工业的影响非常相似。当不能再从德国进口高纯的化学品、医药品或光学玻璃时，英国政府就不得不建立研究队伍和工厂来制造替代品——灌输着德国技术优越的教训，德国技术优越已经是从19世纪80年代以后英国科学家常有的抱怨。庞大的供给网建立了，研究者们被动员来提高工人素质和改进产品质量。军工厂，那里的雇员多为妇女，用作研究疲劳的实验室——工人生理医学(Sturdy，2000)。当战争结束之后，一些新的组织保留了；政府建立了一个研究委员会用以资助大学里的科学研究，它还资助为主要产业服务的研究协会和实验室。在某种意义上，英国工业由“赶上”德国模式驱动，也许还特别是赶上如西屋(Westinghouse)、福特(Ford)和宝威(Burroughs-Wellcome)这样的“美国”公司，这些公司是英国战前岁月里的主要竞争对手(Alter，1987；Edgerton，1996b；Edgerton and Horrocks，1994)。

历史学家没有充分注意到**战争结局**、战时结构遗留下的东西，以及“战争前后”的和平时期机构的差别。第一次世界大战对技术科学网络的长期影响在不同国家之间不一样，但是通常它们小于第二次世界大战。在英国和法国，于第一次世界大战中形成的联系有助于创造一系列由政府资助的民用项目和军用项目研究所。在美国，作为远离可怕冲突的一部分，军事科技医联合体大多被抛弃了。在20世纪20年代，美国公共研究最著名的资助者是基金会(特别是洛克菲勒基金会和卡内基基金会[6])，而不是联邦政府；载体常常是大学的系，这些系越来越趋向研究而不是教学(Geiger，1992；1997；Mendelsohn，1997)。到20世纪30年代，大多数西方国家在化学、电学技术(包括电子学)和新的医药品方面，**大学和公司**之间存在广泛的、强大的纽带。

在每一个国家、在每一个这样的领域，一小部分重要的研究者和顾问在大学、公司和政府机构之间轻易流动。英国的戴尔(Henry Dale)和美国的理查兹(A. N. Richards)出现在医药品中的“任何地方”(Swann，1988)。剑桥的卡文迪许物理实验室享有与曼彻斯特的默特罗—维克斯的实验室密切的联系(Crowther，1974)；该公司提供设备和寻求的建议，剑桥提供声望和信息。柴郡的帝国化学工业实验室有时显得像牛津剑桥的一个学院，并且具有匹配的联系人。(相反，他们在曼彻斯特北部的染料实验室似乎处于中低级别，在其联系上更明显地是“地方的”——Reader，1970，1975。)如果我们在两次世界大战之间的医疗服务(而不是医药业)中寻找技术科学网络，最明显的例子大概会是癌症的放射疗法——一个小领域，但是变化迅速，与大多数英国医疗的“自由主义”模式形成强烈对比。它将很好地用于说明技术医学的可能性，即使是在第二次世界大战以前的。

镭，在约1900年引入时成为“自由市场”医学的一个很好的例子；它被看作一种“全身强壮剂”并被加入到专利药物中，尽管量很小。它大量地被医学慈善机构、被希望“燃烧”癌症的公开招标所购买，但是镭很危险且价格昂贵。约从1910年开始，中央政府持续增加对科学研究和对公立医院的支持。到20世纪30年代止，大多数医用镭的控制授权在政府，重要的放射疗法中心由国家镭委员会管制。这些中心由一个新的医学次专业——放射疗法——医师控制，并且既与大学的物理系又与提供X射线发生器等的公司相联系；他们雇用“医学物理学家”来帮助控制剂量使用和辐射危害。曼彻斯特中心由跨此地区的市政当局资助，因为癌症当时正成为一个“公共健康”议题。从约1900年开始，癌症已经成为了一个有组织的生物医学研究领域，常常有慈善机构资助(Löwy，1997)；曼彻斯特研究实验室附属于放射疗法医院，它既是实验的又是分析的。这个联合体工作的范围很特别，但是作为一个“科学组织”模型它广受赞颂(Pickstone，1985；Pinell，2000)。

我们可以作结论，到1939年止，如果想跨越不同国家比较**“新产业”**，那么就需要包括这些院校—产业的和医学的联合体。如果想比较**院校的供给**，那么就需要考虑政府对“有用的”研究的资助(它在两次世界大战之间快速增长)，以及在资金和设备方面的产业资助。在检查这些联合体时，你会注意到**仪器制造者**既服务于大学又服务于产业，注意到**标准化机构**对这些技术科学联合体至关重要。帝国也一样。在英国和法国，帝国的工程、农业和医学不管是政府的还是商业的，都雇用高比例的该国的科技医大学毕业生，并提供一个重要的领域给大学研究者(Farley，1991；Worboys，1976)。

然而，这并不是全部的图景。技术科学的联合体常遭到反对；许多学者和医生抵抗商业的“侵犯”甚至政府的资助。产业里面的科学家被一些科学团体和专业团体排挤，特别是在美国；产业科学里的职业常常似乎是“次好”于大学或政府机构（Dennis，1987；Swann，1988）。在英国，技术教育相当**“有失体面”**。牛津最终认真对待科学，通常从地方大学引进人才，新的大型卡特尔，如帝国化学工业，是研究资金和雇用大学毕业生的足量源泉——但仍然是，对技术的东西太感兴趣有失大学生的声望。在牛津，作为一名学化学的学生或研究生，会被强烈建议减少那些“臭气”，而发展音乐天赋（Morrell，1997a）。

英国优秀的医生被强烈建议跟上医学研究的进展，但是使它从属于经验主张和临床判断——从属于作为生活医学特征的医生和患者的**个体性**（Lawrence，1985；1994）。专科医生似乎威胁这种医学秩序，特别是如果他依赖薪金而不是私人实践维持生活时。他们建议政府可以强加一种“劳动分工”的世界——每个患者依其疾病分开；每个医生专修特定的疾病。（分析和合理化生产战胜了生活医学和自由职业，如在放射疗法中心。）在大多数西方国家，医学自由秩序的支持者以强调整体论、博物学和人文学科来回应（Lawrence and Weisz，1998；Timmermann，2000）。

在第二次世界大战期间及其后的技术科学

在技术科学组织和工业、医学及大学更早的、更独立的研究形式之间的这种动态关系，由第二次世界大战及其结果而进一步变化。对科学的中期影响具有戏剧性，特别是在英国和北美。原子弹是大型新工程的明显典型，它对战后世界产生了重要的后果；它需要对科学家和工程师进行一次动员，这次动员使以前的**学术**事业规模变得矮小。

从第一次世界大战前开始，物理学家就猜想核反应可以产生爆炸，到 20 世纪 30 年代后期，一些研究者才著文检查这些可能性。英国和美国的物理学家，由于害怕德国人可能正在研制原子弹，因而施加压力进行一个研究和开发项目，美国从 1941 年 6 月开始取得了一系列成就。它们包括在几个场地的庞大新设施，其中的某些依赖靠近重要的水电工程。还包括技术人员（包括欧洲移民）的大量重新安置，来自许多国家最好的物理实验室的最先进设备的集中。一些管理由大学提供，大多数由美国军队提供，包括它的工程部和爆破部。从技术角度看，这个工程非常成功；对日本使用原子弹的道德性一直有争议（Mendelsohn，1997）。

似乎有理由认为，原子弹工程是 20 世纪后期第三个大型技术科学联合体——**核科学和技术**——的起源。在美国，这包括商业核公司、大学物理学家使用的大型原子物理学设施、医学物理学和放射疗法中的新项目，以及遗传学家对日本辐射伤害的调查（Owens，1997）。在英国，这集中在知名的原子能局（Atomic Energy Authority），它具有在牛津周围和在西北——公开开发民用核能和放射性同位素、秘密制造钚弹——重要的装置。在这些国家及苏联，核联合体是第二次世界大战后科学和工业普遍重建的一个重要部分（Gowing，1964；Kevles，1987；Rhodes，1986）。

科学和工业的许多其他方面也改革了，主要由政府改革。美国军队成为到当时为止美国大学的研究的最大的赞助者；军事项目有意“发展成”进入和平时期的方案，它们并成为国家未来事业——登月或治愈癌症——的例子（Studer and Chubin，1980）。大学—产业—政府联合体在航空、弹道、射电天文学及后来的太空探索中繁荣发展（Geiger，1992）。在数个国家，政府支持对计算的发展至关重要，因为即使在和平时期，军事也是大规模数据处理的重要赞助者和使用者。在英国，战时规划和科学在新国有化的工业和服务业中向前推进了，包括国家煤炭管理委员会（National Coal Board）和国家医疗保健机构（National Health Service）（Gowing，1964；Price，1976）。大学及提供其生源的高中，得益于大大增加了的政府支持，特别是对科技医的支持。公共助学金现在对所有符合大学入学标准的18岁学生开放；英才管理的社会与信仰教育、尤其是信仰科学相关。

在英国、特别是在美国，战时青霉素的生产导致了新的抗生素与研究导向的医药公司的快速发展；后者生产了作用于心血管和神经系统的新药物（Galambos and Sturchio，1997；Goodman，2000；Parascondola，1980）。[7] 英国国家医疗保健机构成为特定种类医学研究的一个重要资助者，包括：付薪临床教授取代依赖私人实践的兼职教师。临床研究在所有教学医院变得平常，常常与医药公司有关系，有时与制造医疗设备的公司有关系（Blume，1992；2000；Lawrence，1997）。我们已经看到，在美国，生物医学科学得益于大学研究公共资金的普遍增加，得益于创立于朝鲜战争期间的特别研究计划。所有这些发展，加强了政府机构、医药公司、大学和教学医院之间的联系。

一般来说，在英国和美国，从1945年到20世纪70年代，这段时间重要的科技医计划可以描述成是**战后的**，这比仅仅按年月顺序排列远为更有意义。重要的技术科学联合体在第二次世界大战中（以及到"冷战"和朝鲜战争时期）形成或重塑，在所有这些战后技术科学中，政府居于核心。这在英国很明显；在美国，当军事投资包括进去之后也变得明显。

结尾

迄今为止在我们的历史中，第二次世界大战后的数十年，易被看成是由工业化而角逐、并被19世纪末以来的国际竞争和冲突所加强的重要社会力量的产物。这就是战后数十年如何呈现了它们自身——它们的“现代性”由科学原理、合理化生产、功能美学、医学技巧、专家知识和福利国家构成。为防范西方，这些能力中的一些必须归功于冷战，特别是归功于核威慑——一种虽然危险但清洁的动力形式。所有的技术科学网络对这种形式的文明、对这种自我形象非常重要——用于提供电力系统和通信，用于新的医药和征服疾病，用于核能和力量平衡。所有这些联合体，建成于企业、政府机构及与大学的联合体雇用科学家。部分地由于使用新型电子计算，这些网络掌控了巨量的信息和可观的分析能力，以及用于系统发明和实验的重要设施。

我们不应该忘记(正如“热门”技术狂热者常常做的)，许多企业的成功更多的是找到了新的市场或更低成本的生产过程而不是技术科学，或者国家工业的兴旺可能更多地依赖于良好的劳动管理而不是依赖于工业研究。我们应该记住(正如社会医学的代表者那时所坚持的)，公众健康更加依赖于健康的饮食、良好的习惯和卫生，而不是依赖于神奇的药物。越南战争提醒我们，军事成功可以依赖民心而不是技术能力。确实，部分地正是这样的重要反应，减弱了“军事工业联合体”及其医学类似物的力量。

在整个20世纪后期，技术科学联合体持续增长，但是约从20世纪70年代开始，国家和科学的政策显著变化，也许尤其是在英国。我们在下一章即最后一章将会看到，政府的支持和导向**相对于**工业减弱了。尽管到这个世纪末，核联合体减少了，但是围绕计算机的电气电子联合体膨胀了，围绕分子生物学的医药联合体膨胀了——但是在这两个领域，导向也越来越来自商业。

在英国，到20世纪末，许多公用事业已经非国有化，某些政府研究机构也被卖掉，特别是在农业方面。“商业价值”和专业管理正在推进到公有成分剩余的部分，包括医疗卫生服务和大学。政府出资的研究委员会受到鼓励，将他们自己看作国民经济的基础结构，大学被鼓励集中精力到智力资本和发现的开发上。金融和商业的快速“全球化”意味着，少数几个国际联合体主宰着世界范围的技术发展。由于这些原因，世纪末的技术科学浪潮——信息学和遗传工程——甚至比20世纪70年代可能有的情况更加由市场价值塑形。[8]

正是在这种情况下，“公众理解科学”才获得一种新的重要意义。对于这些问题，我们将在下一章，即最后一章中探讨。

第八章　技术科学和公众理解：约2000年的英国案例

在本章，我将回顾已经表述的历史并环顾科技医的条件。我提供对约2000年英国的一份观察，部分原因是难获得更普遍的观察，但是也因为运用的兴趣。其他国家会显得不一样，这会影响其他地方的读者使用此书的方式。我又一次使用本地的例子来部分地强调这些事实：我们所有人都(在一定程度上)生活在本地，通史可以有助于我们“定位”那些地方。我使用现在的普通概念“公众理解科学”以提出有关现在科技医的社会意义的问题，我对“认识方式”怎么可以——对分析问题、对构建可信的解决方法——作贡献提出了一些建议。

在20世纪，正如这里所表述的，科技医越来越被技术科学主宰——被制造“基于知识的”商品的产业—院校—政府网络主宰。我们已经指出，第二次世界大战后数十年的技术科学，在很大程度上是国家政府特别是军队的创造。自20世纪70年代开始，政府影响已经减弱了(特别是在前苏联)，而商业利益已经变得更加集中和更加全球化。尽管核工程可能在某种程度上衰落了，但电气信息学联合体却急速地成长，重要的医药公司也急速地成长。这两种联合体正在改变着我们的生活。2000 年前后的数十年正被表述为**革命性的**——像 1800 年前后的工业革命一样。科学似乎充满改革的潜力，而以这种观点来看，**消费者阻力**现在似乎是一个主要的问题。

在这里，我们接近了几位历史学者视为 20 世纪科技医特别是医学的悖论的东西。我们对世界和人体的理解比 1900 年深刻了许多；我们拥有的许多技术和药物，在那时仅仅是梦想，许多还是不可想象的。然而，科学和高科技医学遭到的怀疑，可能比 1900 年更甚，肯定比 1950 年更甚(Porter, 1997)。

我们都知道，这个“悖论”有许多成分。西方公众对权威的服从比 1950 年要少得多——除科学外，还明显地表现在法律事务、人与人之间的行为、宗教等方面。在“看法有分歧的事务”上，如果不是财务问题，英国社会就更加平等、更少等级。媒体以其“谨慎”在 1950 年被政府和专业团体依赖，现在却更重视“曝光”和调查新闻；不论是好是坏，报纸通过刊出转基因植物对健康有害的文章而好卖。从 20 世纪 60 年代开始，已被边缘化或从属的“少数群体”已为其权利而进行运动；妇女运动、同性恋权利，以及为新“种族”团体而进行的运动，已经使英国比以前多元化得多。在这些方面，英国反映着西方的许多情况，而实际上遵循了首先在美国出现的模式。

在社会政治中**和**在科技医中，20 世纪在很大程度上是**美国的世纪**，在那里特别是社会政治与质疑科技医的权威性相联系。妇女反对在仍然是(男性)生产、(女性)生殖价值取向的医疗系统中仅仅是“母亲”，这种医疗系统是整个 20 世纪前半叶国家公费医疗制度的核心。同性恋反对将他们视为医学问题，黑人反对从 19 世纪以来医学已经反映和合法化了的种族等级。对于 20 世纪 60 年代的激进分子来说，

20世纪50年代的“共识”政治及对专家特别是科学家和医生的高度尊崇，意味着遵从——甚至是社会控制。

某些医学史著作直接来自这种意识形态的重组，特别是法国福柯的著作，以及英国和美国反传统精神病学运动促进的联合研究。“生态学”著作特别是卡逊（Rachel Carson）的《寂静的春天》（*Silent Spring*，1962年），有助于创造新的保护环境的运动（Bramwell，1989；Sheal，1976；Worster，1994）。对自然的浪漫主义态度复活了，并很易与在另类医学系统推广中流行的“东方主义”相结合。

一般地说，正如许多这样的公众意见重构一样，年轻人的新观点和“外人”的新观点与历史偶然事件相互影响。核电站的偶然事件，在20世纪50年代似乎只是技术的暂时困难，现在开始具有了更高的显示度，部分的原因是反对核武器的运动。当记者发现出生时就残疾的婴儿是由于母亲怀孕期间服了药，“反应停”灾难动摇了公众的信心，并在药物控制上产生了强制性的重要变化（以及临床试验的复杂性和成本陡然增大）。到20世纪60年代后期，战后科技医的两个显著象征——核能和特效药——正在投下巨大的阴影。在美国，反对越南战争的运动动员了学生和青年学者，其对资助科技医已经是如此重要的军队—工业—院校联合体产生了怀疑。

这次反文化运动深刻地改变了西方的社会政治，破坏了正统科技医的名声。但是即使在法国，学生运动与劳工骚乱偶遇并动摇了政府，政府（及商业）的制度也没有发生根本的变化。然而，战后的共识由于20世纪70年代的经济萧条特别是1974年的石油危机进一步减弱，石油危机揭示了，面对来自中东和来自远东快速增长的经济的挑战时西方经济的脆弱性。政治的受惠者是新自由主义右派，而不是浪漫主义左派。

在英国，对专业的和政府的专家意见的极端批评由自由市场——一种已经在地下存在了30年的意识形态——的支持者进行，撒切尔夫人(Mrs Thatcher)和里根先生(Mr Reagan)想要减弱这种状况，他们成功了；他们依赖“工商价值”而不是公共服务的传统，依赖会计师而不是公务员。撒切尔夫人重申维多利亚价值——独立、博爱和家庭——并否定“社会”的存在。约1980年开始的西方政治向右转导致了许多国有企业的“私有化”，包括研究实验室及将政府的功能“授权”给“似企业的”组织。这大大地鼓励了“工商管理”成长为一种风气和实践；美国管理顾问从20世纪70年代早期开始明显围绕着英国政府。他们那种形式化了的工具主义——任务书、目标、审计等等——到20世纪90年代已成为核心内容，进入公有成分余下的部分，常常逆着医生、学者等政府雇用的专家的希望。

我记得习惯在“科学政策”上向政府建议的同事从20世纪80年代中期伦敦的一次会议回来后拉长的脸：那次会议，政府部长们宣布了英国的“信息堆积如山”，像当时声名狼藉的对欧洲经济共同体需求过剩的黄油“堆积如山”一样。对于通常的研究是未来工业成功的基础的主张，撒切尔夫人回应，英国的问题在于知识的应用而不是知识的产生。在那时，大学也是经费易被削减的对象，既因为近期“骚乱”的历史又因为它们面临18岁以上人口数量统计学上的衰减。

这种既来自持怀疑态度的公众又来自新自由主义政府对公共资金支持的“科学”的双重威胁，激起了一些科学家发起改进“公众理解科学”的运动。他们与同情的记者、政治家和受过科学教育的实业家的合作，也许最好理解为一场“社会运动”，主要关心保住政府对科学研究者的经费支持及保护这种事业免受负面的批评。但是他们对科学支持的关注已经轻易地与推广新技术、与改进科学和技术教育的要求联系到了一起。这提供了一个有用的切入点，以分析现在科技医的公众意义并将它们与本书的关注点联系在一起。

"没有人理解我们"

担心科学在大众文化中的位置，这种想法很难说新鲜。在19世纪30年代，年轻的"分析者"引证英国的"衰落"作为他们获取政府对科学支持运动的一部分，而政府对科学的支持当时在法国和德国很明显。在19世纪的后三十多年里，各种调查，常常由科学的支持者促成，论证了在各种水平加强科学和技术教育的必要性。在1900年前后，"科学"是提高国家效率运动的核心，《自然》(*Nature*)杂志进行在统治阶层中提高科学的显示度的运动。在第一次世界大战之后，尽管某些社会群体担心科学和技术正发展得超出控制，其他人特别是左翼人士逐渐将科学的理性应用看作国内外医治社会疾病和增加福利的主要途径。争论持续到第二次世界大战之后——通常涵盖许多更早争论的相同内容(但是缺少很大的历史连续感)。问题被表述为是新发现然而是深层次的；但是有一个争论从20世纪50年代和20世纪60年代早期开始仍然在回响(Alter，1987；Edgerton，1996b)。

当由科学家转向小说家进而转向政治家的斯诺(C. P. Snow)抱怨英国统治阶层仍然可悲地对科学无知时，他受到了利维斯(F. R. Leavis)的猛烈攻击，利维斯是一个文学批评学派的清教徒式领袖。利维斯求助于文学特别是维多利亚时代的小说，认为它们是探索(并因而例示)公共生活中必须保留为中心的道德品质。像阿诺德(Matthew Arnold)和许多旧大陆知识分子一样，他将科学视为"工具"、视为**方法**而不是**目的**的知识，并因而视为伦理和政治文化的附属物而不是核心。这是19世纪常见的表述，我们在第二章已经看到，但是在第二次世界大战之后的英国，反对斯诺的反应似乎是由于政府在战后大学和学院中的投入多数到了科学和技术而不是艺术这个明显的事实所激起。这种偏向继续是教育游说的中心，但是常常显得尴尬，学生爱好(及就业市场)主要有利于艺术科学和社会科学的大学生教育。

但是，如果说斯诺意图将科学的政治霸权扩大到文化霸权的话，那么他失败了。这场争论促成了一小部分通识教育的启动计划；几所大学在20世纪60年代和70年代早期设置了科学史或科学研究计划，明确地训练科学和技术学生的领导(或政治)角色。这些计划继续产生影响(并且我承认自己得感谢在曼彻斯特所做的投入)，但是，它们最好的智力成果却是更加批判的而非技术统治的，是公众对科学和医学权威怀疑的一部分，这种怀疑从20世纪60年代后期就开始了。

要评估科学界和工程界技术统治雄心的失败，人们只需将它们与自20世纪70年代以来管理科学和各种会计学令人吃惊的兴起作一比较就行了。正是**这**种提供一般的、“可转移的”技巧的技术训练，不仅在工商界而且在政府部门、文化机构和大学等公共服务机构中获得了成功。这种**管理论**实际上已经将自身确立为20世纪后期的普通教育。许多学科的学生受鼓励学习管理课程，而在20世纪60年代他们则受鼓励选修“通识”课程。管理的兴起似乎是世界范围的，管理人员与自由职业者(如医生)或创造型职业者(如电视制作人)的竞争是当今力量重新分配的中心。正是在这个背景下，我们必须观察“公众理解科学”变化着的命运。

科学回到商业

公众理解运动持续到了现在，但从20世纪80年代以后发生了许多变化。持续的商业“全球化”、围绕信息学和医药的技术科学联合体的快速发展及我们时代呈现为一次新的工业革命，已经“澄清”了“学院”科学预期的角色。商业方法推广到公有成分(包括大学)，创造了一种“产出”文化，一种将知识作为商品的文化，它将工业科学的价值推广到整个学术界，甚至是人文学科。与20世纪80年代早期的科学家和医生感到被政府遗弃并需要朋友相反，现在他们知道自己能够预期在其中取得成功的角色。他们不将自己视为在推进学科知识，也不将自己视为公众利益的代表，也不将自己视为充分发掘学生潜能的教育者；他们是知识商品的创造者和管理者。

英国政府现在越来越控制大学以减少投入、增加产出，并且其方法粗暴。将公共资金给予研究项目的研究委员会，常常将他们自己视为国民生产的基础结构的一部分；甚至社会研究已被管理成主要为支持经济发展。在20世纪90年代，大学不得不艰难地包含群体利益，将其作为研究(以及实际上，作为一种非常关注学生数量和研究出版物的大学经费支持系统)的一个替代目标。在20世纪90年代，当医学慈善团体作为英国研究经费支持和政策中一支重要的力量出现时，他们也变得更关心商业生产，特别是围绕遗传工程的。通过知识产权，这些慈善团体期望在研究投资上获得经济回报。

但是，如果说这些20世纪最后20年复杂的、急速的变化，不论好坏“澄清”了英国的学院科学家的角色的话，那么它们也没有解决“公众理解”的问题。确实，当科学在全球范围内已经与商业紧密联系时，部分公众就变得更加怀疑。从前他们担心科学因为某种内在的动力学——某种不计后果地追求控制自然的能力——而正在危及他们；今天他们担心科学家与大企业共谋——为追逐利润而搞坏世界。因此现在我们看到，焦虑的企业人员、产业科学家、领先学者、慈善机构管理人员和政府贸易部长们讨论并合伙“宣传”科学。公众理解科学已经成了一个共同的利益和一个共同的目标。

这些持续的科学运动和相关的围绕新行业的大肆宣传，似乎是普及科学——如书籍、电台广播、电视节目——越来越流行的部分原因。给科学家、记者、剧作家的奖励，以及为增加科学家和作家之间的相互作用而举办的会议，帮助创造了一种氛围，在那里一些作家视科学为他们参与动态现在的一部分，科学家视普及写作为一种公共事业和可敬职业的一部分——不再是一种通俗的娱乐。科学和医学珍闻正作为引起共同兴趣的事物进入了新闻杂志计划，而媒体现在依靠12名左右高显示度的、表演技巧磨练得很好的科学家。热望这种地位或者担心可能进入公众争论而无招架之力的科学家，可以在专门的训练计划中学习那些技巧。在这样的一种环境中，公众对科学的兴趣即公众理解科学就不要以普通的“水平”来解读，好像它是浴缸里的水，由科学家的一次“滴渗”(trickling down)并由公众关注程度的多次自然“上涨”输入。最好将公众的关注视为竞技的舞台，在那里有组织的游说团体进行论争，而在其中各种类型的记者可能正磨着斧子，好像他们在寻找好的“角度”。

当然，要鼓励这样的争论，它应该被能够阐明所涉及的问题并从各方面考量这些论点的评论人员所丰富。那是关注科学研讨(Science Studies)* 的学者的一种责任，无论他们的个人态度和偏好怎样。因此，为达到那种目的，重要的是对科学研讨的经费支持不依赖于科学公关游说团体，或者甚至依靠反产业游说团体。当然，部分的担忧是在这里的不对称：环境和公众保护群体与科学行业及研究慈善团体相比只是乞丐。而且，我们已经讨论过，后者利益团体在政府、国有高

---

* 以科学为对象的研究，特别注重其社会、历史、哲学环境。——译者

等教育机器中(包括那些资助大多数“科学研讨”的机构)具有直接的影响力。我们需要确信，公众对揭露和足够分析的兴趣能够继续通过学者群体及运动团体得到满足；这是技术领域内的民主政治所要求的基础结构的一部分。但是我们应该如何理解“公众”读解在这样的领域里的“意义”的方式呢?

研究“公众理解科学”

研究这个领域的学者仍然通过从“新”的公众观点中找出老的公众观点来操作。后者关注测量多少“科学”被公众成员所了解。测量通常通过会谈或问卷；回答者被问到是太阳围绕地球转还是相反。这种公众观点与哲学家波普尔(Karl Popper)常常称作的“心智的木桶理论”——心智是容器，因此“公众的”心智容纳多少科学(在“科学事实”的意义上)——有关。相反，(不是非常)“新的”观点将心智视为积极的而不是消极的。所有人包括外行，在前有的结论和假设——如果你喜欢的话，他们的假说——的基础上审问他们的环境。这种研究公众理解的途径强调，认知者的活动、人们在直接引起他们关注的方面成为专家的方式。以这种观点来看，无论是地球围绕太阳转还是相反，对公众成员都并不很重要——知道答案不过是一种知识游戏。但是，从化工厂出来的烟尘是否会损坏自家花园，或者食品添加剂是否会伤害到婴儿——这些才是重要的问题，对这些问题，外行也会积极、敏锐地追踪。

注意，本节到现在为止，公众理解“科学”意指公众对科学家所解释的世界的理解。当然，在这个模糊的口号中存在另一套意义——它可以意指公众理解作为科学家的一种活动的“科学”，或者作为一种研究者群体的“科学”。[1]旧的和新的公众心智的观点，怎么与这种模糊性相关呢？

在旧观点下，外行从学校、报纸或电视中学习科学事实或多或少就足够了。他们也学到有关科学方法或者有关不同的科学群体的一些事实——这样的知识与自然的知识等同，因为它们都被认为是**事实的**并独立于观察者。这两种知识都由信任报告者的诚实而保证，即“科学”，无论其报告涉及是自然世界还是可靠地报告自然世界的社会世界的那部分。相反，如果我们假定公众是寻问者，并视他们为具有特定观点的寻问者，那么他们就很可能视“科学家”为也是在他们自己的特定观点内操作的人。他们很可能视科学发现为**“客观的”**但**并不是“整个故事”**。例如，即使在患者们分组与专科医生密切工作时，他们仍然可能会感觉到，患者需要的事实最好来自其他患者，感觉到医生没有经验处理日复一日的特定疾病——“来自内部”。

在讨论两极化且涉及对立的利益处，“科学事实”就会成为争论的一部分。即使诚实和公开是明显的，也会认为事实的产生和表述也是合适的检查对象。那么，我们的对抗过程就有望通过便于对双方所持主张进行专业检查来维持证据标准。但是，为使这样的争论充分有效，也需要双方能够**创造**证据——通过文献检索、会谈、分析（及再分析）与实验。正如拉韦察（Jerry Ravetz，1971）强调过的，公开的科学争论最令人担心的方面不是压制对一特定主张有利的证据，而是当研究还未开始时**缺乏**这样的证据。在这个方面，民主政府可以说具有特殊的责任，用经费支持质疑强大的工业和科学利益集团，包括政府自己的利益集团的研究。这是责任的科学对应物，对应于那种通过将历史、社会研究界的技能和知识服务于其他处于不利地位的团体的方式支持自身，以促进争论的责任。

在本章的余下部分，我将力图表明书中给出的类型学和概略的历史如何有助于卷入这种争论的各方支持者。大致地说，回溯一次本书的关注点——从技术科学返回到意义。首先，我讨论在技术科学中及特别是大学中，商业和公共利益的角色；然后，我使用“分析”（及实验）来反思“科学的”专业知识的划界。我使用“博物学”来探讨科技医现在和潜在的公共角色；最后，我回到意义和价值的问题。

技术科学的政治

如果说这里给出的技术科学的分析有点准确的话，那么似乎就会得出公众理解（及控制？）技术科学应该处于大多数国家政治议程的重要地位。这个结论似乎由在这里触及的许多科技医争论——卫生和公共卫生医疗服务、生殖和老龄化、食品安全和环境、自然保护和气候变化、能源和军备等政见——在媒体中很突出而证实。充分讨论这些争论及其联系需要一本书的篇幅，远远厚于本书，但是也许这里是提供一些关于分析模式的建议的地方。

如果我们认为技术科学联合体由不同大学、公司和政府机构复合而成，那么我们就可以询问相关各方相对的力量和特权，及它们如何变化。既然似乎很少有人怀疑商业团体正在快速变得强大——通过直接的力量、通过私有和公有成分之间界限的变动，及通过对公有成分私有“殖民化”——这种重构的益处和代价就需要进行检查。一些特定的争论可以说明普遍的问题。

一个是在自然物种中特别是第三世界中的知识产权的问题。我们在第三章中已经看到，为商业目的进行的探险是博物学成长的一个重要成分，强大帝国开始远征和积聚藏品是为了商业原因及为了展示政治和文化力量。科学和殖民开发的联系早已确立——但是新近的发展提出了除老问题之外的新问题。一旦物种有了专利，它们除了被开发之外，还被占有；它们就离开了公共领域。第三世界国家及其支持者主张将潜在的“产权”给予所涉及的国家，至少为了防止占有的目的。

相似的争论出现在人类基因组片段的专利上。大多数人认为是不能剥夺的“公有的”生物实体已经被私有化了。人类基因组私有化的程度，可能由于公共和慈善团体在基因组分析中的投资增大已经减小了——因而限制了私有公司能够控制的数量——但是人们可能会奇怪，为什么基因组不能通过法律调整或重新解释而被保护，以排除自然实体的专利。能够有专利的东西的边界随着时间及在国家之间已经发生了值得注意的变化；它们也许可能会发生另外的一些变化。

这些争论有一定的历史。第二次世界大战后的英国很不满美国在制备青霉素上的专利——不仅因为它是英国公有经济成分里的医生和科学家的发现，而且因为它是数百万人迫切需要的一种自然产生的物质(Bud，1993；1998；Macfarlane，1979；1984)。在我们现在，部分的侵犯产生于知道使人类基因组计划成为可能的绝大部分工作由纳税人的钱支持、并且由公共领域里的科学家作出，而他们现在需要付费来使用这些发现。

通过专利和诸多形式的赞助，公共事业研究传统现在受到大学科学商业化的严重威胁。也许我们现在更需要的不是**公众理解科学**，而是广泛、强烈得多的**理解科学为公众**——科技医应该而且能够在保护和发展公共利益中扮演的角色。在以上两个及已提到的其他例子中，问题在于找到机制来保护公共领域不受来自商业集团的不适当的侵犯。

一个答案是，精炼和扩展政府的调控与提供信息的角色。在事关生命的领域如医疗保险，大多数发达国家现在具有相当有效的机制。

在一些较新领域如调控生殖技术，英国有了先锋机构，它们似乎工作得很好，在要求公众同意时使这些争论与主流党派政治保持了一定的距离。似乎很可能，公众观点将迫使创造更多更强大的保护机构，尽管它们通常遭到生产者利益集团的反对。[2]

这样的机构典型地包括具有专业知识的专业人士和非专业人士，它们公开接受公众、媒体和运动团体的检查。既然因特网等能够使它们(及其结果)更易接触，并可能减少跨国调查内容复制的成本，它们似乎将是科技医未来一个很有前途的部分。这样的保护如何能够扩大到更贫穷的国家，也许是通过联合国的活动或者通过对大公司征税，还不清楚，除非我们能够尽力考虑全球系统，在其中这样的保护将会如自由贸易现在所主张的一样“自然”。

一旦政府能够负责保护公众、避免科技医对个体产生负面影响，我们就可能看到这些调控角色的扩大，包括确保科学出版物诚实的机构，因为巨额资金可能依赖获得正确结果或掩饰失败(Kevles, 1998)。当越来越多的科学家在资金上涉及商业公司时，由研究委员会和慈善团体操作的同行评议就可能需要公开的检查，包括公开的收益登记，如现在国会议员必须要做的一样。科技医跨范围思考的优点之一，也许是能够促进不同形式的调控的比较研究——跨部门、跨功能和跨国家。当然，我们需要更多更公开的这种研究。

但是，政府作为购买方也卷入了技术科学联合体。这里，也就是英国，随荷兰提供了一些鼓舞人心的例子。英国已经创立了机构，用以评估新药和其他医疗技术，不仅是评估安全，而且是评估效力及与其他疗法相比较评估成本收益。大概存在许多这种评估国际流动及许多对其他潜在购买者(包括个人)有利的机会。也许这样的机构可以视为接续由消费者协会收集的评价(及消费者满意数据)。也许，支持消费者信息系统将会被视为政府的一项重要职责——在高度复杂的商业社会有效生存所需的“博物学图书馆”的一部分。

所有这样的机构，允许更好的公有和私有选择：他们似乎是我们上面主张的合适的公共保护所必需的、公共领域研究的潜在委员的明显候选人。慈善机构，如绿色和平组织、或地球之友、或医学用户团体、或关心特定问题的地方慈善机构，也可能适合。通过扩大可能掌控这种研究的团体和人群的范围，现在我们可以平衡将公共利益等同于经济发展的强大压力。而且，关于第三世界同样可以得出相似的论点。与以前英国人类学由于希望改善殖民统治而受到支持不同，现在我们的“海外研究”强烈地注重潜在市场。我们当然可以提供一个更广的界定，甚至是“英国利益”的界定。[3]

但是在这商业利益和公共利益的讨论中，大学——其教学及特别是其研究——位于何处？

理解公众的科学

在前几章中，大学屡屡被提到，但是其管理、其法定形式并没有被讨论。我们已将其表述为大多数人现在看到的样子，表述为独立的机构，从税收中接受经费但是传统地与政府保持距离。当然，像众多的传统观点一样，这也需要历史地、在跨国环境中进行理解；我们还需要认识到，大学现在处于流动之中。历史上，德国模式对于两个特征——研究作为一种人类福祉的意识形态，以及学者追求知识与教学之间富有成效的相互作用——相当重要。

在德国，大学一直是政府机构；大学成员以他们依自身意愿而教学的自由和学生在大学间转校的自由是19世纪改革的重要特征——我已经数次提及的研究的意识形态的一部分(Proctor，1991)。自1800

年以后(除了两次世界大战和国家社会主义时期)，德国系统的通常印象是竞争在研究上突出的成员的自治机构——一个竞争和模仿的系统，鼓励、支持天才并导向在大多数研究领域获得世界性的突出地位。历史学家已经质疑这幅图像，但是现在对19世纪职位的研究常常表明，商业“干预”和政治“干预”更起强化优点而不是毁损优点的作用。例如，特纳(Turner)已经表明，如任何学者可能怀疑的，一些大学及系科试图从自己的职员和学生中任命成员，而不是引进人才。在这种情况下，普鲁士教育部保护这个系统免于近亲繁殖(Turner，1971)。另外的历史学家已经表明，从事科学并不是像有时所想象的无功利；例如，当政府设立了一个化学教授职位时，通常的目的是改进本地的工业或农业(或医学)。但是也一样，人们既然常常认为有名望的化学家会在经济上最有成效，似乎在商业动机和任命享有崇高声望的成员之间很少发生冲突。[4]

美国的系统是教育慈善机构(如芝加哥大学)和政府机构(如明尼苏达大学)的一种混合物。从19世纪后期开始，德国的研究意识形态就是所有重要学校的核心，但是它与美国的坚持实用结合了。通常的结果是在原理方面的广泛教育，接着是科学基础上的专业训练。美国的大学在20世纪早期快速发展，其时战争和经济萧条限制了欧洲的发展，而在第二次世界大战之后，优秀的美国大学，特别是专科大学大大得益于政府的研究投入。该系统足够丰富和多样以保持不同的意识形态，从与公司结盟到纯粹的学术(Geiger，1997)，但是商业的挑战逐渐尖锐——突出表现在加州大学的整个一个系签定了一个条约，使之实际上成为一家生命科学公司的研究队伍。

在英国，最古老的大学是宗教团体；19世纪建立的大多为世俗慈善机构——自治的实体，经费来源于捐款和学费，并对自身的独立性保持警惕(Sanderson, 1972)。政府对研究的支持仅仅在20世纪特别是在第二次世界大战之后才变得重要。在整个20世纪50年代和60年代，大学快速扩张且研究得到充分的经费支持，这在很大程度上基于其对同行学者的吸引。遗憾的是，这意味着大学更少响应了本地在工业、公共服务和文化方面的需求。这个结果被重要的专科学校的“学院化”加强了，这些专科学校曾经由地方政府提供经费，但是它们被转入大学部分，在20世纪80年代达到高峰，当时所有以前的“工艺学校”都到了与老大学同样的基金委员会下。随之发生的在大学部分里的大差别，就是公式拨款机制(formula-funding mechanism)精细化、按人头支持减少(水平下降)、微观评估和重度官僚化系统形成的原因之一。

我已经提出，直接管理和强调商业价值可以被认为是大学整合进知识商品生产网的两个方面。从维护公共服务和公共知识来说，那么危害是什么呢？ 这些公共利益又怎么被保护呢？ 我们在上面已经指出，部分答案可以是一种更加开放、更加多样的研究支持系统，在那里公共保护机构和慈善团体等可以安排短期研究，也可以联合学者提出旨在公共福利而不是增加生产和消费的研究计划。这些研究委员会和研究慈善团体的成员人数和范围可能需要扩充。

扩大潜在的研究经费支持者、增加来自更广泛公众的输入，也可能有助于满足没有被商业牵连危及的专门知识和专家的需要。但是，也许我们还需要重新发现，学术及研究的价值是作为一种目的而不是增加生产或者甚至使环境更安全的一种手段。当工业化英国那时的“新的大学”在19世纪后期建立时，它们旨在为工业作贡献，但是它们也旨在提供并发展非功利主义的价值。其动机部分地源于德国的研究传统；它与市民的改进或者美术馆的动机，及更好的专科学校的动机吻合。在大学的科技医以及艺术和人文学科中，大学需要找到回归那种文化遗产及那些教育价值的方法。它可能意味着相信专家；它当然意味着激发大学对正式的和非正式的、开放的学科间对话的巨大潜力。作为共同体的大学在英国遭到了破坏，因为内部核算和无情的“报告”占据了曾经可用于创造性对话的空间。商业管理产生商业。

第三种一般的疗法是更具实验性的。要扩大研究需求、要认识学术是一种目的、要更好地服务于地方和全球社会，大学及其他公共团体需要更多的空间来进行原创。在英国大多数重要城市的中心，在仍然主要由公众提供资金的机构中，有数以千计的创造性成员、数以万计的聪明的年轻人。如果我们想“科学地”发展地区和大学，就让那种“科学”包括许多实验；“科学的管理”在这里应该鼓励制度上的新事物，也许再“随后”给予奖励。标准化的监管系统具有反面效果。

总之，我觉得现在的政治问题不是**公众理解**科学，而是维护**公众的科学**——创造并利用知识来最好地为公众利益服务。但是我们需要强调，这是个**所有种类**的知识的问题，不仅仅是“科学”或科技医。“科学”的界限，特别是在英语中，没有帮助。在本书中，分析和博物学的范围明显超出了英国通常的科技医界限；也许我们需要重新思考那些界限。在思考社会科学和人文学科时，我们也许能够从思考科技医中得益多多(反之亦然)。

分析和“科学”的范围

说英语国家与说法语或说德语国家相比，使用狭义的科学定义。“科学”在英语中其主题范围有限——它单独使用时，常常仅指自然科学，而不包括伦理学或者社会科学；历史学和文学批评通常完全不称作科学。这个“宽度”限制随之就产生“深度”问题——即认识方式问题。它使我们的注意力集中到据认为是自然科学最重要特点的方法上，即实验室操作，特别是实验。例如，经济数据的分析在其他语言中会是“科学的”，在英语中却没有确定的位置，河岸草地的博物学在记录全年物种的层次上不大可能有资格称作“科学的”。

这两个限制(及其相互作用)似乎令人遗憾。对于宽度，基于主题的两类系统研究的常规区似乎制造歧视和分裂。对经济和社会现象的批判分析，初步看来与对地层或弹道学的分析一样有用和迫切。我们需要人类康乐分析的更好指标，与需要更好的环境变化指标同样多；我们需要获得了充分信息的有关经济学限制的争论，与需要有关分析医学的争论一样。这种形态的知识同时发展并非偶然，这点我们在第五章中已经看到。认识到那种(历史的)共同点能有助于克服教育的深深割裂，这些割裂局限着对社会现象的批判分析，也局限着对自然科学共同体的操作和结果批判的关注。

英国“排除”社会科学的一个原因，可能是过度强调实验而不是分析是“科学方法”至关重要的东西——特别是第二次世界大战之后所普及的“科学方法”。通过强调科学的分析和多元，本书也许有助于产生更多**范围广泛的**用法和看法。例如，通常政府部长在有关食品安全的争论中要求“好科学”作为他们做决定(或推迟)的根据。这样的要求在社会和教育政策事宜中极不普遍，在这里部长和负责人个人的意见常常表现为有充分的行动权力。另外的对称可能也会有帮助——安全问题不能仅由“科学”决定，这样具有局限性，因为它们包含了有关“生命价值”的判断；社会政策可能会得益于更多的**分析**及**实验**试验。

实际上，社会实验可能是“信息学”革命的受益者之一。在本书的开始，我就想知道新的“认识方式”是否可以加入到我的列表中，不仅是通过创造性的批判，而且也通过科技医的进化。一种可能的“新方式”是**模仿**，它已经在科技医教学实验室广泛存在。曾经用于美国军事计算的某些计算能力现在可以民用了，它有能力为一个重要城市的交通模式建立具有充分细节的模型。[5] 在这里当然有多种可能性，特别是对用程序表示许多官僚职能的重新设计机构的实验。我们是否能够模拟一系列的“实验的大学”系统，使其增强公共的义务性和专业的创造性，而没有无数的、部分重叠但决不能替代的、特殊的报告机制呢？

在这里和在其他地方，谈论“科学方法”会产生误导。正如法伊尔阿本德(Paul Feyerabend)所证明的，很困难、也许不可能制定出在真正创造性的科学中遵循的规则——这种创造性水平常常意味着改变这些规则(Feyerabend，1975)！真正要做的事，不是方法规则而是**想象力和批判能力**的应用——及与在神经科学中一样多地应用到戏剧作品或社会服务机构的发展中——或者它应该是。本书是建立在认识到科技医的多元性、认识到可以认为是“认识方式”的不同“主题”之间连续性的优点的基础上。这是打破“科学”所谓的界限和“科学方法”所谓的排他性的一种**特别**工具。

为此目的，我现在继续提出，将“博物学”包含进“科学”也可能有益——不仅是对于一类非常必需的研究者(如分类学者)有益，而且一般地对于科学事业和公众群体的健康有益。包括博物学，就是包括更广大的公众在争论**中**——作为实际的和潜在的参与者，而不是作为专家评论的容器。我们能够看到科技医的多样性及其与日常生活的连接越多，我们就越不可能为专门领域的细节所迷惑。在本章末，我们继续从博物学进入到“意义”。

公众和博物学

我们已经提出，博物学常常被划出“科学”而仅仅归为“信息”。我已经论述了一个更广泛的博物学观点，及将这种描述的、分类的认识方式置于科学事业的核心——作为一种在其上建立分析和实验模式的文化成就，及作为处理我们世界的一种仍然重要的方式。既然博物学能够比分析与实验更容易学习和实践、既然它更接近日常语言和经验，它就更易为未受过训练的公众所接受。博物学常常具娱乐性和社会性；它在“现象上”丰富多彩。舒适性和安全性问题(例如，围绕污染的)常常在博物学水平上研究，而公民有权要求问题在那个水平上处理。在这里我想指出，聚焦博物学能够指导我们思考公众理解科学的几种方式。

接近和招募科学

好像很少有对为什么学生选择科学(或为什么其他人避开科学)的社会研究。[6] 许多似乎依据“值得从事的职业”的公众观点而定；这些当然是社会史的一部分，并且可以有益地进行这样的探讨。让我使用个人轶事来说明。在20世纪50年代后期，我们许多人在学校以“科学”作为默认选择——如果聪明并**能够**搞科学的话，就搞科学。只有当如数学不行或者极其热爱历史时，才选择在中学最后的年份(以及后来的大学生涯)搞语言或者人文学科。我们知道苏联人造地球卫星上天强烈地震动了西方，大学教授来访问，他们演讲说英国需要科学家，我们的父母中有许多人听到过某某作为工业化学家“干得好”或一些类似的事情。

当然，也有更加积极的、特定学科的原因。一些人选择科学因为他们想搞医学。其他人喜欢“在校外”遵循或实践科学的某方面。也许你对有关进化论的争论感兴趣，或者去观察野鸟，或者你有一架显微镜、一架望远镜或一个化学药品箱，或者你制作收音机或照相并自己冲洗。许多科学生涯具有“嗜好”根源。大体而言，它们限定为博物学——采集、描述、排列或者手工制作设备以产生“特殊效果”。有时这些活动是独自进行的，有时是与朋友一起进行的，有时与地方社团一起进行——如天文学或鸟类学社团。这样的兴趣毫无疑问塑造了科学家的选择和倾向，正如休斯(Jeff Hughes)对英国物理学家所表明的(Hughes，1998)。

我学习生物学，部分地来自一位化学老师(及业余植物学者)和我的外祖父所激励的对植物学的兴趣。在20世纪初，我的外祖父加入了在伯恩利工人学校的班级并参加了野外旅行，一位自学成才的“生物学家”埃文斯(Ernest Evans)是他的老师。埃文斯写了地方志和博物学的书籍，也以家禽科学育种者(又是卵科学!)而闻名。我外祖父的兄弟从“工人学校”继续到南肯辛顿帝国学院，并以昆虫学者的身份在殖民地行政机关度过了他的职业生涯。他们源自从棉布城镇逃到周围山丘上的兰开夏郡纺织工人的一个传统(并且也许阅读华兹华斯和罗斯金的著作)。也许我们需要将科学看作家族史及日常生活的一部分。

今天，“大众科学”大量是关于/通过计算机的。年轻的天才能够赚钱；青年人到了大学，具有信息学方面的能力，这使年老的教师尴尬。在生物学方面，学生到校时已具有对生态学的兴趣和对遗传工程的好奇。前者更可能具有直接的校外经验——而他们更可能因大多数大学生物系的强烈“分子生物学”取向而失望。如果科学和技术系想增加输入学生的质量，或者想要学生具有兴趣而不是技术工作，他们只有注意在手工制作和博物学水平上的公众参与科学，才能做得好。考古学在这里提供了一个模型：在英国它不是学校科目，但是在大学水平它很好地获得了学生，这部分是基于学校学生能够进行本地的、地区的“挖掘”（以及通过电视、收音机、杂志的相应内容）。

近年来，大多数科学教育的公开讨论，关注评估方法和创业活动。还有空间可对科学教育在个人生活和集体活动中的角色进行多得多的探讨。

信息和实用

在第三章中，我强调了生命的丰富资源的博物学排序与我们现在对过多“信息”的关注之间的相似性。现在存在这种技术，它能够将超过在任何重要图书馆可以找到的信息储备带进任何家庭和办公室。博物学标本，更一般地说博物馆和美术馆，都能够虚拟接近；疾病、医药和环境数据也一样。因特网允许无穷地、不可预测地接触巨量的数据标本，即整个西方个人和群体已经看到的适合陈列的数据标本；因特网带给扶手椅上的探索者一个新世界，带给我们虚拟“环境”新的丰富内容。

然而，博物学不只是一种信息或一种其他科学逻辑的或教学的前奏——它是生活的一部分。如果在一种**有能力的**、见多识广的公民性的观念中还存有任何可以接受的东西的话，那么各种博物学就仍然还有很多东西可以提供——为私人目的，与为公共目的一样。乡村令人愉快的部分是我们知道其居住者、其形态、其发展；我们公民性的一部分是我们理解我们的环境。这里，我们也可以引用医学，及患者理解疾病及其病因的博物学的重要性——实际上，即关于健康的博物学。

虽然有现在医学中的技术，下面的原则仍然正确：健康原则简单而且早就为人所知；注意这些简单的事项，对减少发病率和死亡率比治疗医学更重要。具多种食物的饮食与具多种食物的养生法、干净的空气和水、充足的睡眠、工作、友谊和锻炼——这些才是健康最关键的东西。非强制性地遵循它们，需要对自己、家庭和朋友的健康与日常行事有智力兴趣。在这里，自我观察的实践(一种博物学)有用；理解个人和社会的发展、理解人类的**多样性**也一样有用。

所有这些是我们在第三章中讨论的“生活医学”的一部分，特别是西方医学中希波克拉底传统(Hippocratic tradition)的一部分。它们在西方和东方不同程度地被保存并复兴，常常与一种对狭义的博物学产生的兴趣连在一起。在17世纪的英国，西德纳姆以作为既在医学中又在植物研究中的博物学经验主义的倡导者而闻名。在20世纪两次世界大战之间的几十年中，伦敦著名的“卫生所”之一，由从事“人类生物学”——一种在自然和社会环境中的人类有机体的博物学——的医生创建(Williamson and Pearse，1938)。更近的例子很多——从第二次世界大战前后“社会医学”的推动者提倡的“疾病博物学”，到20世纪80年代“新公共健康”运动的生态学取向，或者更进一步，在环境保护论、新生活方式和“另类疗法”之间当前紧密的联系。

既然从19世纪开始这些运动常常与“正统医学”处于紧张状态，它们就是被称作科学的认识方式的**多样性**的证据，就是作为本书核心的**多元论**(pluralism)的证据。太容易将常规和大样本的“理性医学”与非科学的个人主义相对立；我们可能需要记住，这些不是仅有的选择。我们越来越多地听到有关“循证医学”，依赖临床试验(大革命后巴黎“数量方法”的昂贵的、膨胀的结果)；但是，“大量人的医学”不是成为科学的仅有的方式，统计试验也不是仅有的相应

“实验”形式。在第五章中，我们讨论了19世纪德国的生理学医学有时可以呈现为生活医学的科学化的方式——可能用定量测量来研究个体身体的平衡。这样的方法有时可能是“客观化的”，但是它们也可能是一种探索个体性的受欢迎的方式。标准剂量的药可能对杀死细菌有效，但是，对于长期服用的药(包括精神药物)，我们可能需要相当个人化的参考框架——基于对患者的长期观察而不是统计平均数的实践。个人“疗法”的流行可能提示需要一种更个人化的正统版本——也许是赛车疗法，而不是“快捷的”轿车疗法；或者是一种我们在第三章讨论过的、高科技的、平等主义版本的“鉴赏家疗法”?[7]

要有效，任何这样的个人化医疗实践都需要熟练的、了解充分信息的患者。我们已经提到因特网的可能性，特别是在有活跃的“患者群体”处。曾经围绕书本和报纸建立的相互教育社群现在在虚拟空间中，虚拟空间连接网站用户，连接所有想了解自身疾病或他们的大丽花的人们。我们已经看到，医学正在进行改造，具有许多患者比他们的医生更了解病情的特点。对于某些疾病，如腹部疾病，许多信息能够“在线”获得，致使对这种疾病的处理已经有效地去医疗化；可能需要医生来进行诊断，但是之后“依靠自己”会做得更好。

也许21世纪在“描述科学”的扩展及在专家和其他人之间知识相对开放的流动方面，将会变得像18世纪。我们可以相信，即使当我们已经扩展了的博物学的界限更进一步扩展时，“控制信息”仍将是一个至关重要的政治问题。

保护公众

拉韦察在他的开创性著作《科学知识及其社会问题》(*Scientific Knowledge and its Social Problems*，1971年)中先行得出了本书详细说明的许多观点。我们已经指出，当双方在用于研究的资源相差巨大时科学争论中的不对称问题；他也提及另外一种相关的不对称——不同**种类**的科技医常常在关于生物医学和/或环境行动计划是有益还是有害的争论中使用。特点是，新产品或方法是包含许多深奥知识和实验(或它们这样被描述)的技术科学的产物。有代表性的是，**批评者**更多地依靠一定种类的分析和简单的观察(即博物学)而不是实验科学。这部分是因为争论者之间经济上的不对称——患者游说者或环境保护者罕有资金进行广泛的或精细的研究。但是，它也是一个方法上的差别问题，它部分地根源于关于认识方式的不变的事实。受过良好训练的化学家能够非常准确地预言化学反应的产物；他们能够预言已知干扰特定新陈代谢途径的某种特定产物的毒性。但是其准确性在所考虑的系统变得更复杂时就下降了。甚至“一般地”，我们可能不知道有毒金属在一个池塘的生物群中会怎样“循环”，当问题不与“一般的”池塘相关而与单个的池塘——或任何其他单个的生境或有机体，其**相关**特征可能很难详细给出——相关时，预测的问题就更糟。

在这里，与经常所做的一样，医学给我们有益的提示。预测单个患者某种“病况”(condition)的结果常常很难，特别是如果我们医治复杂的慢性病。在医学中，因为系统复杂而且是单个的，就总会有一种“等等看”的因素，而此点被认为在物理学中是没有的。但是，在作出医学不同的结论之前，我们应该想到那些研究“真正发生的”实验物理学的历史学家和社会学家的大量文献。他们注重了默许的知识的角色、注重了复制实验的困难、注重了“放弃”不是“正确工作”的实验的技巧(Collins，1992)。正如拉图尔(Bruno Latour)所强调的，在实验科学和更世俗的活动(包括政治)之间一个关键差别是，当他们喜欢时，物理学家就能够多次重复一个试验，放弃某些结果而提出其余结果的一个“平均值”。被要求确保一个第一次在**现场**演讲展示中的实验能够正确有效时，他们经历了所有“单个”人类活动特征的不确定性(Latour，1993)。

因而一般地说，越关注复杂性和单个性，就越求助于博物学。这在实验的成功完成依赖于与最好的因素或最好的条件相关的、巨量的、非正式知识的实验室内是正确的。它在实验室外双倍正确，在实验室外因素和条件并不容易控制、且结果延伸到了直接的参与者之外。因而对科学危害的防御(或益处的评测)就可能包括对所有可能的参数进行长期的仔细观察。无论实验室的试验多么精细，医药的不良反应仍然被发现“在起作用”。可以确定一个化工厂的环境影响的唯一办法就是通过详细的**监测**。随之可以得出有关危害和益处的争论结果常常依赖“博物学”。

如果我们能够注重作为许多公开争论可以理解的中心的博物学，那么民主结果的前景就似乎比来自科学—公众关系的其他模型的结果更好。因为只要我们仅仅注重远离经验的分析和实验知识，“公众”就可能长期处于不利的地位。如果普遍认识到，观察方法无论怎样很可能是具有说服力的，那么发展的支持者也许就会更多地尊重观察复杂的、单个的系统的复杂性和挑战，公众就会受到鼓励去要求这样的数据。

然而再一次，模型还是医学。假设你有钱有势。当与医生交谈时，你想要他或她在**你的**经验水平上解释某种治疗可能的效果(包括可能的效果的**范围**)。你首要关心的不是遗传密码或者细胞分裂的解释，你想要知道在预测结果(不管治疗不治疗)中他们能够有多大的信心。同样的论点适用于环境问题，除了大多数成问题的环境可能被认为现在是健康的之外——在这种情况下，“治疗”比不采取行动需要更多的理由！但是，当然这个结论依赖于你怎样“解读世界”。这样，在这里我们回到了在第二章中提出的问题。

公众理解和世界解读

通过在本书中着重世界解读即解释学，我希望通过强调一个太容易忽视的明显事实来开启围绕科技医的争论：我们与自然及我们相互之间的首要关系是**意义**的关系——伦理、美学的或者(对于某些人)宗教的关系。意义问题加强了我们与世界的所有关系，包括我们理解并应用其他的认识方式。我已经力图表明某种“祛魅”史，凭借“祛魅”，自然的一定方面被“客观化”并被工具化地考虑或认为是技术问题；但是对于文化与对于个人一样，这样的“祛魅”应该被认为一直是一种动态平衡的两个部分。既然我们是人，我们就永远投注意义。当然，我们常常必须抽掉这样的意义，以便于进行讨论与特定种类的集体行动，但是我们决不应该忘记它们。

这也许最明显地表现在当我们考虑医学中的病人时、特别是当我们认为自己是病人时。这时我们在疾病中寻求意义——为什么这病会落到我们身上？ 我们应得这病？ 但是我们也围绕此病重建我们的社会关系，传统地(对于20世纪50年代)通过采用病人角色重建，如社会学家帕森斯(Talcott Parsons)对急性病所描述的那样(Currer and Stacey, 1986；Stacey, 1988)。通过暂时重新定义自己为病人而不是自我独立者，我们变得依赖医生和护理人员。

然而，“病人角色”不是生病或丧失能力的唯一方式，在20世纪末，慢性病和残疾似乎是更具挑战性的战场。嘲笑在围绕“残疾人”等的争论中明显地专注于术语和政治正确性尽管很容易，但我们可以认识到在对于个人问题和社会问题的讨论确立**共享意义**中定义的重要性。如果将一个人描述为“精神缺陷”，我们就将他放在了一个称重的天平上；如果描述为“残疾”，我们就附加给他某种可能的行为障碍的意义，而没有考虑如果改造世界一点的话，那种障碍怎么可能消失(甚或成为一种优势)。残疾人权利运动在倡导并获得我们普通意义的改变方面已经取得了显著成功(Cooter，2000a)。像它建立于其上的种族权利、妇女权利和同性恋权利运动一样，它提醒我们，20世纪早期医学的世界——它对种族缺陷、性缺陷、性反常行为的科学说明——是一个单一观点的科学(Kevles，1985)。当遗传决定论的拙劣版本每天回响着那种老式的优生学时，我们需要记住，基因仅仅是生物系统的一部分；还要记住，其“结果”总是于存在争议的意义系统中被理解。

同样的论点许多适用于环境问题。要理解在这些问题上的争论，我们必须理解冲突的**价值**系统，以及科学发现如何可以在不同的框架中取得不同的意义。如果我们像相关的权势人物所认为的，一般地说，认为人类幸福由科学和工业进步得到最好的推进，那么我们对转基因的农作物的态度，即便是“小心的”，也可能是正面的。我们会想要防护“副作用”的机制——我们的模型很可能是**医学的**，因为近来的西方社会已经普遍喜欢药物研究，而假定那些机制能够用于防护危害，包括还没有预见到的危害。但是，对于许多转基因的农作物的反对者来说，真正的问题**不是**特定技术**附加的**危害，而是它在农业综合企业中增强已经被认为是有害的趋势的可能性——生境破坏、遗传多样性消失、食物标准化、第三世界开发、小农场主和农民居于从属地位，等等。对于生态活跃分子来说，遗传工程仅仅加重了大农业综合企业污染、标准化和控制的趋势。面对生物和社会多样性所受到的威胁，富裕国家中“较便宜的食物”的前景显得可笑。

可以举出大量的例子，但是它们要为大多数读者所熟悉。在这里，我强调关于意义的最普遍的一点。科技医现在存在争论——不仅因为人们不能理解这些问题，而且因为这些问题在其中被“解读”并从其出发的伦理—政治框架的分歧。要理解当代的反应，最迫切需要的是对那种视角的**多样性**有所理解。在这方面，**公众**理解科学，其公众(和科学)是单数的暗示，很会令人误解。

冒着自我本位的危险，我希望自己已经表明，拓宽这种视角至关重要的一门学科是**历史**。我在上面已经论证，“公众”应该被视为包含许多“群组”——一些有组织、一些有自我意识、一些仅仅表达共同的反应。这些群组——无论他们是专业的、政治的，还是宗教的——随着时间而变化。缺乏他们的历史去试图理解他们，可能与试图对国家医疗卫生保健机构或欧洲的英国进行非历史的说明一样肤浅。但是，唉，我们几乎没有这样的历史，只有许多不能“累加在一起”的“快照”。

要阐明公众理解的问题，我们需要广泛到足够包容政治和媒体的更多的历史，但是它们也包容在批判的注视中的技术面。只要历史学家学会了怎样将研究的技术细节与更宽的动机、合法性和支持问题相关联，他们就能够提供一种方法，他们的读者以之能够将科技医视为个人**项目**和集体**项目**的一部分。许多同样的目的，有时可以通过科学传记或自传而达到。对于历史学家、记者或参与者“重述”来说，关键的一步是将技术和社会**联系**到一起的能力，如跨这些领域的项目一样。这就是为什么本书将科技医呈现为一系列项目、呈现为工作种类的原因之一。[8]

当然，这样的“项目”可能比任何一个人的目的都大得多。这在技术科学中尤其正确，在那里总体目标可能被协商，因而它们不与任何个人的希望相符，在那里该项目可能会给那些个人目标或集体目标位于该项目作为整体的目标的切线上的许多工人以家园的感觉。科技医批判和建设性的讨论，需要公众接触这样的科学项目怎样工作——它们的动力学和控制系统——的可靠说明。

近期英国争论令人恼火的特点之一是，已经有一种趋势，“现代化者”将知识的上升、人类的进步和特定农业公司的利益合并成一个不洁的三位一体。作为公众我们应得到更好的对待。我们需要这样的跨国公司如何工作、如何操纵负面证据而回应公众压力的更可靠的历史。我们需要区分生活质量和国民生产总值的近期历史的分析说明，需要区别知识种类和区别创造、传播、应用知识的不同目的的知识增长的分析说明。对于所有这样的项目说明，**意义**是中心。即使是最专门的、最“纯粹”的项目，也建立在**某些**伦理的和政治的原则基础上，至少是一个私人经费或公共经费支持科学研究为其自身目的的信念。

科学、价值和历史

建议科技医以项目的观点进行研究，也可有助于与优秀的论述科学和宗教、更一般地说论述科学和价值系统的历史文献建立联系。虽然严格的宗教和神学现在可能边缘化于西方大多数有文化的群体，它们仍然在决定世界发展(如人口政策)的某些方面很重要，并且它们仍然是世界其他许多地方政治生活的中心。但是，即使我们抛开正式宗教延续的角色，我们也不能忽视科学—宗教争论曾经提出的问题。那些争论已经形成了后来的态度和立场；因此，例如，如果希望理解20世纪英国科学家与知识分子的社会倾向和政治取向，去检查他们之中非常多的人在其中成长的(及他们可能反抗过的)教派，你会取得好的收获。我们世俗的许多争论在以前的宗教争论中有其类似物，有些已经用于典型的历史研究。通过这样比较现在与过去，我们可以获得工具以分析现在的问题、更好地理解作为现在看来是非宗教或反宗教的立场的基础的“形而上学”承诺。

人们可以以生物伦理学课程的方式仅仅争论现在立场的优缺点，但是历史提供得更多(而不会更少)。至于应用一个分析的框架来澄清争论，它将态度与传统、社会项目相联系。它允许人提出关于**问题**(以及关于答案)的起源和相关性的问题。例如，为什么活体解剖在19世纪后半期的英国比在欧洲大陆引发的争论大得多？ 为什么它又成为一个重要的争论(以及现在它的地理分布是什么)？ “生态活跃分子”或对核能的热情的社会动力学是什么？ 以这样的方式，在科技医中政治和伦理问题的历史研究，可能重新定位学生或更广大的公众，去历史地考虑他们自己的立场和回答——将他们自己视为历史的一部分，如果这不是一个太宏大的主张的话。通过努力理解美国的原教旨主义或者今天宗教批判者好辩的活动，他们可以在传记和历史中获得对态度根源的某种理解，并因而对困难问题公开争论的角色和局限有更现实的理解。

检查广大范围立场(例如，在人类进化的立场上)的相互作用常常有用。学术的益处在这里是表明那些不同的立场，这些立场为“神学家”**和**“科学家”所持有，为**不想要**专门知识的其他许多人所持有。学者们不再著述有关“科学”与“宗教”冲突的内容，而是著述有关立场和派别之间冲突的内容，**每一个派别**都在不同程度上**既是**科学的**又是**宗教的(或者至少是形而上学的——在接受一定的命题作为其他命题的基础的意义上)。举一个例子，19世纪后期，有关伦理学和进化论的争论围绕着“人的价值”和人类生物学、人类历史“事实”之间被认为的关系进行。

小说家艾略特(George Eliot)的“社会学家”朋友、词组“适者生存”的创造者斯宾塞(Herbert Spencer)，那时将进化和人类历史看成是分化的过程——从简单动物到复杂动物、从简单社会到当时的工业化西方国家。帝国的征服和原始社会的屈服既是事实又有价值——它是“一件好事”；斯宾塞是世俗论者，但是许多同样的立场为基督教进化论者所持有。相反，独立于达尔文“发明了”通过自然选择进化的平民博物学者华莱士(Alfred Russel Wallace)，拒绝将人类历史看成是自然选择的连续；维多利亚时代的英国不是进化的目标。华莱士是社会主义者和唯灵论者，他坚持人类价值领域应保持不同；那是他唯灵论的意义的一部分。位于他们之间某处的达尔文的朋友赫胥黎，逐渐缓和了自己早期的“科学自然主义”，认识到更多的事实和价值之间的差别，以及更多的生物学和伦理学之间的不同。[9]

所有三种立场在现在关于社会生物学的争论中都有它们大致的对应物。某些人类遗传学的普及者谈论着，好像我们是很久很久以前建成的遗传因子的囚徒。相反，大多数人类学家将文化问题视为独立于生物学的。一些哲学家有效地抨击了我们可以学到人类倾向——遗传的和/或训练的——的方式，而不认为它们是原因(Midgley, 1995)。通过分析随着时间的这类争论，我们可以看到，人们怎样以他们自己的环境“提供”的形式和资源与这些变化的问题作斗争；我们可以将这样的斗争和争论看成是**有根源的**。当然，在这里我回到了在论述世界意义的一章中所检查的东西；作为第二个也是最后一个例子，它更接近我们的时代，我们可以考虑流产的近期历史。

现在回想起来有些奇怪，当流产在20世纪50年代被美国医生讨论时，它主要是一个行规问题。因为越来越多的孩子在医院出生并且孕妇的孕期由医院的医生监控，流产这样的事情就不再是孕妇和私人医生之间太“私人的”东西。因为其他医生和护士涉及了，机构也涉及了，所以就对规则有了要求。专业委员会争论这些问题及可以允许流产的情形。到20世纪70年代时，其法律和实践发生了变化，但是更根本的是，争论的条件和性质发生了变化。妇女运动和更一般的20世纪60年代的反文化运动，使流产成为一个妇女权利问题。随之，天主教会为“保护未出生者”行动了起来；并不熟悉政治的天主教家庭妇女，利用电话而不是公共聚会组织起来(Luker，1984)。这个问题在美国仍然受到尖锐的争论，是一件总统候选人必须表明立场并承担其后果的事情。在英国，流产于1967年已经合法化，且实际上很快成为妇女的一种选择；它仍然具有争议，但是为大多数人所接受。

这样的历史(特别是如果它们是**比较的**)，可以有助于我们理解问题在我们当前的表现及达成和解(如果不一致的话)的前景。因为无论何时在我们研究这些切中人类关注点中心的问题——无论是流产或艾滋病、环境保护或防止饥饿——时，多数聪明的评论者实际上确实认识到持有的**立场的多样性**，每一种既包含伦理原则又包含对研究和结果的特定研究方法。历史可以帮助我们清楚地表述并分享这些复杂性，给予它们背景并也许看到它们的动力学。历史能够带给科技医生动性。

因为在这样的事情中，与在围绕“科学”的争论中很常见的一样，我们可能需要提醒建立我们的日常政治理解而停止受到“科学”(或“宗教”，或“现代化”)的表述所蒙蔽，好像它们是**单一的**活动，没有任何(如价值)的选择。历史化科学、技术和医学，是要发现技术项目在其起源和发展中人的意义。这是理解现在科学的历史钥匙，无论我们是在谈论小圈子里的研究还是谈论非常公开的争论。

我们可以得出结论，科学—技术—医学是远远地多样而不能简单地支持或反对。我们已经看到，**博物学**可以是一种统治和占有的工具，或者是一次“自然的财富”的庆典。**分析**可以“深化”或者“还原”我们对世界的理解；它可以调节或者强化技术过程；**实验**是现代创造力固有的，尽管它可能有时危险。带给我们家庭抗生素的安全和多样的人类文化财富的**技术—科学**，也将我们包围在商业的“自然化”中，其强度和吸引力与文艺复兴时期（或者相信圣徒及教父的中世纪教会）附魅的自然一样。

从17世纪特别是从约1800年开始，科技医已经成为历史变迁的一个重要组成部分。当人类不断地审问并重新制造世界和他们自己时，已经有并且还将有许多“科学革命”。但是正如我们已经看到的，女人和男人也在“文化革新”中重新制造自己——通过审问并断言人的价值（这转而帮助决定科学中的研究方法）。

科学、技术和医学现在居于我们经济和文化的中心；科技医的政治将会是我们未来的中心。在商业导向的技术科学中的公共投入和私人投入现在非常巨大。由于这个原因，我们也需要投入批判的智力资源、财政资源和政治资源，以保证公共利益与商业利益同样好地得到满足。理解科技医的历史是一种方法，公民和消费可以以之开启其产品和过程而进行检查和控制。

注释

第一章 认识方式:导论

1 相反的观点，参阅 Ashplant and Wilson（1988）和 Wilson and Ashplant（1988）；我的论点的展开，参阅 Pickstone（1995）。

2 这种方法首先在 Pickstone（1993a）中表述，并在 Pickstone（1993b；1994a；1994b；1996；1997）中以各种方式细化。

3 但是参阅 Price（1965）。

4 近期的一本导论和进一步的参考，参阅 Golinski（1998）。

5 对这些作者的导读（论述其中某些人的文献量非常大），参阅：论述福柯的，Eribon（1991）的传记和 Gutting（1989）论述他早期著作的优秀入门书籍；论述库恩的，Barnes（1974；1982）；论述芒福德的，Miller（1992）；论述科林伍德的，他的自传（Collingwood，1939）和 Krausz（1972）；论述特姆金的，他的论文选集的导论（Temkin，1977）；论述韦伯的，Bendix（1960）的传记、Hughes（1974）以及许多论文集和评注。

6 如我们下面将指出的，我描述的自 1800 年前后以后的分析科学，提供了库恩范式的大多数很好的例子——例如，拉瓦锡的化学。我利用沃里克(Andrew Warwick)的建议，创造这些分析学科(如职业学校里的)的条件是库恩有些非历史地、一般地引用来支持范式的条件。确实，1800年前后的时期是这样的条件存在的最早时期。以这样的观点来看，只有在这以后，任何科学才可能是库恩意义上的“常规科学”。

7 这里和其他地方，我较少利用库恩广为人知的论述范式和科学革命的著作(Kuhn，1962)，而是更多地利用他在《必要的张力》(Kuhn，1977)中的探索性论文“数学传统对比实验传统”。

第二章 世界解读:自然的意义和科学的意义

1 但是，我并不是要提出相反的错误——“博物学的”语言总用于病人和症状。显然，专业医学的某些方面作为药物和(或)概念深入到了病人的生活中。仅仅是它们如何被理解和使用没有很好的记录——我们需要对技术科学之下的生活的解释学和博物学进行更多的研究。有一个模型，参阅Cornwell (1984)或Collins and Pinch (1998)第7章。也许由历史社会学家提出的分析职业群体之间的相互作用的某些工具能够应用到这里。例如，参阅Star and Griesmer (1989)论述边界对象(boundary object)，或者Peter Galison (1997)论述物理学中的“克里奥尔”(creole)语言。也参阅Pickstone (1994b)论述医学中的不同物质文化，Miller (1991)更一般地论述现代物质文化。

2 欲知那位教师如何优秀，参阅Bray (1997)。

3 也参阅Gouk (1997)。

4 参阅两部论述科学和宗教的优秀著作，Barbour (1966)和Brooke (1991)。

第三章　博物学

1 对畸形物的更多论述，参阅 Daston and Park (1998)。

2 我感谢作者发给我一份英文版。

3 阿尔珀斯(Alpers)在她的第三章标题中使用了此词组，取自 R. Hooke, *Micrographia*, London, 1665, A2^{v}。

4 关于跨文化分类学的一有趣论述，参阅 Atran (1990)。

5 我的这个观点，来自布尔热(Marie-Noelle Bourget)。

第四章　分析与合理化生产

1 最近一流的对科学革命的阐述，参阅 Henry (1997)、Schuster (1990)和 Shapin (1996)。

2 我非常感谢奥伯里(Randall Albury)重要但未出版的哲学博士论文，他于 1972 年表明了化学元素和医学分析元素之间的关系。也可参阅 Albury (1977)。

3 一部易读且权威的化学史，并有完整的、进一步阅读的参考文献，参阅 Brock (1992)。

4 如需一份研究，参阅 Dhombres (1989)。

5 法拉第(Faraday)、马格努斯(Magnus)、勒尼奥(Regnault)和福斯特(G. C. Foster)(伦敦大学学院)可能位于这张表单的开头；亥姆霍兹(Helmholtz)从生理学转向物理学。也参阅 Nye (1996)。

6 参阅 Crosbie Smith (1990)中很有用的文章。

7 对法国和美国军队中的合理化生产的论述，参阅 Alder (1997)和 Smith (1985)。对科学管理的论述，参阅 Cohen (1997)。

8 农业的合理化，参阅 Thompson (1978)。

9 在这里，我很感谢 Isabel Phillips (1989)中论述 19 世纪动物繁殖方式的著作。

10 更多的论述史密斯及其化学家同事的著作，参阅 Farrar (1997)以及 Gibson and Farrar (1974)。

第五章 身体、地球和社会的元素

1 很有用的病理学分析史，参阅 Foster (1961；1983)。

2 朱森所著的重要著作 Jewson (1974；1976)，常以这种方式被解读。

3 论述微生物，参阅 Worboys (2000)；论述科学和管理，参阅 Sturdy and Cooter (1998)；论述英国医学的转变，参阅 Lawrence (1994)。

4 一次有鉴别力的考查，参阅 Bowler (1989a)。

第六章 实验主义和发明

1 论述巴斯德，参阅 Geison (1970—80；1995)、 Latour (1987a)以及 Saloman-Bayet (1986)。

2 欲了解多位贝克勒耳，参阅 *Dictionary of Scientific Biography*。

3 韦尔斯(Wells)博士研究过，露形成的条件是赫歇尔(John Herschel)科学研究的关键例子之一。参阅 Herschel (1835)。

4 感谢斯托瓦(Johann Martin Stoyva)的一篇(那时？)未出版的论文，它促使我研究实验和发明之间的关系。

第七章 工业、大学和技术科学联合体

1 论述“大科学”(以我的观点来看，此多为学术引领的技术科学)，参阅 Capshew and Radar (1992)、Galison and Hevly (1992)、Krige (1997)。

2 早期的“电气技术”，参阅 Heilbron (1979)。

3 这些观点，也被 Fox (1998) 和 Guagnini (1999)所强调。

4 论述爱迪生，参阅 Hughes (1983；1989)、Josephson (1959)。

5 一些有用的论文，收集在 Edgerton (1996a)中。

6 他们的投资，有许多到了生物医学，如洛克菲勒资助公共卫生计划和早期的分子生物学、卡内基资助胚胎学。

7 对可的松反应的案例研究，参阅 Cantor (1992)。

8 论述遗传学，参阅 Yoxen (1983)；医药中的公私关系，参阅 Walsh (1998)。

第八章　技术科学和公众理解:约 2000 年的英国案例

1 我将这种观察结果归功于谢弗。

2 论述药物调控，参阅 Temin (1980) 和 Abraham (1995)；论述胚胎学，参阅 Mulkay (1997)。

3 对第三世界避孕研究的吸引人的、有希望的阐述，参阅 Oudshoorn (1998)。

4 塔奇曼(Tuchman)、勒努瓦(Lenoir)和霍姆斯(Holmes)的文章，参阅 Coleman and Holmes (1988)。

5 论述高能物理学中的模仿，参阅 Galison (1997)；论述"程序"作为一种搞数学的新方式，参阅 Hodgkin (1976)。

6 科学教育，参阅 Brock (1990)。

7 论述运用着重统计学上"正常的"、而不是个体"自然的"东西的生理学的医学，参阅 Warner (1986) 的关键研究；论述在现代医学的限度内对(慢性病)患者的治疗，参阅 Baszanger (1998)，也参阅 Canguilhem (1989) 和 Delaporte (1994) 的工作。

8 易理解的、现代科学和技术的"案例研究"，强调偶然性和可变性，参阅 Collins and Pinch (1993；1998)。

9 产生很大影响的进化的政治的讨论，参阅 Young (1985)；也参阅 Bowler (1989a)。

参考文献

* 科学、技术和医学历史的初学者能够读懂的著作。

** 有用的参考著作。

Aarsleff, H. (1983), *The Study of Language in England 1780－1860*, Minneapolis and London.

Abir-Am, P. G. (1997), 'The Molecular Transformation of Twentieth-Century Biology', in J. Krige and D. Pestre (eds), *Science in the Twentieth Century*, Amsterdam, 495－524.

Abraham, J. (1995), *Science, Politics and the Pharmaceutical Industry: Controversy and Bias in Drug Regulation*, London.

Ackerknecht, E. H. (1953), *Rudolf Virchow: Doctor, Statesman and Anthropologist*, Madison.

Ackerknecht, E. H. (1967), *Medicine at the Paris Hospital 1794－1848*, Baltimore.

Agar, J. (1998), *Science and Public Spectacle: The Work of Jodrell Bank in

Post-War British Culture, Amsterdam.

Albury, W. R. (1972), 'The Logic of Condillac and the Structure of French Chemical and Biological Theory, 1780—1801', unpublished PhD thesis, Johns Hopkins University, Baltimore.

Albury, W. R. (1977), 'Experiment and Explanation in the Physiology of Bichat and Magendie', *Studies in the History of Biology*, 1, 47—131.

Alder, K. (1997), *Engineering the Revolution: Arms and Enlightenment in France, 1763—1815*, Princeton.

* Allen, D. E. (1976), *The Naturalist in Britain: A Social History*, London.

Allen, G. E. (1978), *Life Science in the Twentieth Century*, Cambridge History of Science series, vol. 4, Cambridge and New York.

* Alpers, S. (1983), *The Art of Describing: Dutch Art in the Seventeenth Century*, Chicago.

Alter, P. (1987), *The Reluctant Patron: Science and the State in Britain 1850—1920*, Oxford.

Altick, R. D. (1978), *The Shows of London*, Cambridge, MA, and London.

Amsterdamska, O. and Hiddinga, A. (2000), 'The Analyzed Body', in R. Cooter and J. Pickstone (eds), *Medicine in the Twentieth Century*, Amsterdam.

Appel, T. A. (1987), *The Cuvier-Geoffroy Debate: French Biology in the Decades Before Darwin*, Oxford and New York.

Arnold, K. R. (1992), 'Cabinets for the Curious: Practicing Science in Early Modern English Museums', unpublished PhD thesis, Princeton University.

Arnold, M. (1965), *Culture and Anarchy (The Complete Prose Works of Matthew Arnold, Volume 5)*, Ann Arbor, MI (first published in 1869,

London).

Ashplant, T. G. and Wilson, A. (1988), 'Present-Centred History and the Problem of Historical Knowledge', *Historical Journal*, 31, 253—274.

Ashworth, W. B. Jr (1990), 'Natural History and the Emblematic World View', in D. C. Lindberg and R. S. Westman (eds), *Reappraisals of the Scientific Revolution*, Cambridge, 303—332.

Atran, S. (1990), *Cognitive Foundations of Natural History: Towards an Anthropology of Science*, Cambridge.

Austoker, J. and Bryder, L. (eds) (1989), *Historical Perspectives on the Role of the MRC: Essays in the History of the Medical Research Council of the United Kingdom and its Predecessor, the Medical Research Committee, 1913—1953*, Oxford.

Babbage, C. (1832), *On the Economy of Machinery and Manufactures*, London.

Bachelard, G. (1938), *The Psychoanalysis of Fire*, trans. A. C. M. Ross, Boston.

* Barbour, I. G. (1966), *Issues in Science and Religion*, New York and London.

* Barnes, B. (1974), *Scientific Knowledge and Sociological Theory*, London.

Barnes, B. (1977), *Interests and the Growth of Knowledge*, London.

Barnes, B. (1982), *T. S. Kuhn and Social Science*, London.

* Basalla, G. (1988), *The Evolution of Technology*, Cambridge.

Baszanger, I. (1998), *Inventing Pain Medicine: From the Laboratory to the Clinic*, New Brunswick, NJ, and London.

Beer, J. J. (1959), *The Emergence of the German Dye Industry*, Urbana,

IL.

* Ben-David, J. (1971), *The Scientist's Role in Society: A Comparative Study*, Englewood Cliffs, NJ.

Bendix, R. (1960), *Max Weber: An Intellectual Portrait*, New York.

Bennett, J. A. (1986), 'The Mechanics' Philosophy and the Mechanical Philosophers', *History of Science*, 24, 1—28.

Berg, M. (1980), *The Machinery Question and the Making of Political Economy 1815—1848*, Cambridge.

Berman, M. (1978), *Social Change and Scientific Organization: The Royal Institution, 1799—1844*, London.

Bernard, C. (1957), *An Introduction to the Study of Experimental Medicine*, trans. H. C. Greene, New York.

Berridge, V. (1996), *AIDS in the U. K.: The Making of Policy, 1981—1994*, Oxford.

* Berridge, V. (1999), *Health and Society in Britain Since 1939*, Cambridge.

Berridge, V. (2000), 'AIDS and Patient/Support Groups', in R. Cooter and J. Pickstone, (eds), *Medicine in the Twentieth Century*, Amsterdam.

Berthelot, M. (1879), *Synthèse Chimique*, 3rd edn, Paris.

Blume, S. (1992), *Insight and Industry: The Dynamics of Technical Change in Medicine*, Cambridge, MA, and London.

Blume, S. (2000), 'Medicine, Technology and Industry', in R. Cooter and J. Pickstone, (eds), *Medicine in the Twentieth Century*, Amsterdam.

Bowler, P. J. (1983), *The Eclipse of Darwinism: Anti-Darwinian Evolution Theories in the Decades around 1900*, Baltimore.

Bowler, P. J. (1988), *The Non-Darwinian Revolution: Reinterpreting a*

Historical Myth, Baltimore.

* Bowler, P. J. (1989a), *Evolution: The History of an Idea*, rev. edn, Berkeley, CA.

Bowler, P. J. (1989b), *The Invention of Progress: The Victorians and the Past*, Oxford.

* Bowler, P. J. (1992), *The Fontana History of the Environmental Sciences*, London.

Bowler, P. J. (1996), *Life's Splendid Drama: Evolutionary Biology and the Reconstruction of Life's Ancestry, 1860—1940*, Chicago.

Bramwell, A. (1989), *Ecology in the 20th Century: A History*, New Haven, CT.

Braverman, H. (1974), *Labour and Monopoly Capitalism: The Degradation of Work in the Twentieth Century*, New York.

Bray, F. (1997), *Technology and Gender. Fabrics of Power in Late Imperial China*, Berkeley and Los Angeles.

Brock, W. H. (1990), 'Science Education', in R. C. Olby, G. N. Cantor, J. R. R. Christie and M. J. S. Hodge (eds), *Companion to the History of Modern Science*, London, 946—949.

* Brock, W. H. (1992), *The Fontana History of Chemistry*, London.

Brock, W. H. (1997), *Justus von Liebig: The Chemical Gatekeeper*, Cambridge.

Broman, T. H. (1996), *The Transformation of German Academic Medicine 1750—1820*, Cambridge.

Brooke, J. H. (1990), 'Science and Religion', in R. C. Olby, G. N. Cantor, J. R. R. Christie and M. J. S. Hodge (eds), *Companion to the History of Modern Science*, London, 763—782.

* Brooke, J. H. (1991), *Science and Religion: Some Historical Perspectives*, Oxford.

Browne, J. (1983), *The Secular Ark: Studies in the History of Biogeography*, New Haven, CT.

Browne, J. (1995), *Charles Darwin: Voyaging*, London.

Buchanan, R. A. (1989), *The Engineers: A History of the Engineering Profession in Britain 1750—1914*, London.

* Buchanan, R. A. (1992), *The Power of the Machine: The Impact of Technology from 1700 to the Present*, London.

Buchwald, J. Z. (1987), *The Rise of the Wave Theory of Light: Optical Theory and Experiment in the Early Nineteenth Century*, Chicago.

Bud, R. (1993), *The Uses of Life: A History of Biotechnology*, Cambridge.

Bud, R. (1998), 'Penicillin and the New Elizabethans', *British Journal for the History of Science*, 31, 305—333.

Bud, R. and Cozzens, S. E. (eds) (1992), *Invisible Connections: Instruments, Institutions, and Science*, Bellingham.

Bud, R. and Roberts, G. K. (1984), *Science versus Practice: Chemistry in Victorian Britain*, Manchester.

Burkhardt, R. W. Jr (1977), *The Spirit of System: Lamarck and Evolutionary Biology*, Cambridge, MA.

Butler, S. V. F. (1986), 'A Transformation of Training: The Formation of University Medical Faculties in Manchester, Leeds, and Liverpool, 1870—1884', *Medical History*, 30, 115—131.

Butler, S. V. F. (1992), *Science and Technology Museums*, Leicester.

Butterfield, H. (1957), *The Origins of Modern Science 1300—1800*, London.

Bynum, W. F. (1993), 'Nosology', in W. F. Bynum and R. Porter (eds), *Companion Encyclopedia of the History of Medicine*, London and New York, 335—356.

* Bynum, W. F. (1994), *Science and the Practice of Medicine in the Nineteenth Century*, Cambridge.

** Bynum, W. F. and Porter, R. (eds), (1993) *Companion Encyclopedia of the History of Medicine*, London and New York.

Cahan, D. (1989), *An Institute of Empire: The Physikalische-Technische Reichsanstalt, 1871—1918*, Cambridge.

Canguilhem, G. (1975), *Etudes d'Histoire et de Philosophie des Sciences*, 3rd edn, Paris.

Canguilhem, G. (1989), *The Normal and the Pathological*, Cambridge, MA (French original, 1966).

Cannon, S. F. (1978), *Science in Culture: The Early Victorian Period*, New York.

Cantor, D. (1992), 'Cortisone and the Politics of Drama, 1949—55', in J. V. Pickstone (ed.), *Medical Innovations in Historical Perspective*, Basingstoke and London, 165—184.

Cantor, G. N. (1991), *Michael Faraday: Sandemanian and Scientist: A Study of Science and Religion in the Nineteenth Century*, Basingstoke.

Cantor, G., Gooding, D. and James, F. A. J. L. (1991), *Faraday*, Basingstoke.

Capshew, J. and Radar, K. (1992), 'Big Science: Price to the Present', *Osiris*, 7, 3—25.

* Cardwell, D. S. L. (1957), *The Organisation of Science in England*, London.

Cardwell, D. S. L. (1968), *John Dalton and the Progress of Science*, Manchester and New York.

Cardwell, D. S. L. (1971), *From Watt to Clausius: The Rise of Thermodynamics in the Early Industrial Age*, London.

Cardwell, D. S. L. (1989), *James Joule: A Biography*, Manchester and New York.

* Cardwell, D. S. L. (1994), *The Fontana History of Technology*, London.

Carlson, W. B. (1997), 'Innovation and the Modern Corporation: From Heroic Invention to Industrial Science', in J. Krige and D. Pestre (eds), *Science in the Twentieth Century*, Amsterdam, 203—226.

Carson, R. (1962), *Silent Spring*, Boston.

Cassirer, E. (1955), *The Philosophy of the Enlightenment*, Boston.

Channell, D. F. (1988), 'The Harmony of Theory and Practice: the Engineering Science of W. J. M. Rankine', *Technology and Culture*, 29, 98—103.

Chapman, W. R. (1985), 'Arranging Ethnology: A. H. L. F. Pitt Rivers and the Typological Tradition', in G. Stocking Jr (ed.), *Objects and Others*, Madison, 15—48.

Chevreul, M. E. (1824), *Considérations Générales sur l'Analyse Organique et sur ses Applications*, Paris.

Churchill, F. B. (1973), 'Chabry, Roux and the Experimental Method in Nineteenth-Century Embryology', in R. N. Giere and R. S. Westfall (eds), *Foundations of Scientific Method: The Nineteenth Century*, Bloomington.

Churchill, F. B. (1994), 'The Rise of Classical Descriptive Embryology', in

S. F. Gilbert, (ed.), *A Conceptual History of Modern Embryology*, Baltimore and London, 1—29.

Clarke, A. E. (1998), *Disciplining Reproduction: Modernity, American Life Sciences, and 'the Problems of Sex'*, Berkeley, Los Angeles and London.

Clarke, E. and Jacyna, L. S. (1987), *Nineteenth-Century Origins of Neuroscientific Concepts*, Berkeley, CA.

Cohen, Y. (1997), 'Scientific Management and the Production Process', in J. Krige and D. Pestre (eds), *Science in the Twentieth Century*, Amsterdam, 111—125.

Coleman, W. (1964), *Georges Cuvier, Zoologist: A Study in the History of Evolutionary Theory*, Cambridge, MA.

Coleman, W. (1977), *Biology in the Nineteenth Century: Problems of Form, Function, and Transformation*, Cambridge and New York.

Coleman, W. and Holmes, F. L. (eds) (1988), *The Investigative Enterprise: Experimental Physiology in Nineteenth-Century Medicine*, Berkeley and Los Angeles.

Collingwood, R. G. (1938), *The Principles of Art*, London and Oxford.

* Collingwood, R. G. (1939), *An Autobiography*, Oxford.

Collingwood, R. G. (1945), *The Idea of Nature*, Oxford.

Collingwood, R. G. (1946), *The Idea of History*, Oxford.

Collins, H. (1992), *Changing Order: Replication and Induction in Scientific Practice*, Chicago and London.

* Collins, H. and Pinch, T. (1993), *The Golem: What Everyone Should Know about Science*, Cambridge.

* Collins, H. and Pinch. T. (1998), *The Golem at Large: What You Should*

Know about Technology, Cambridge.

** Conrad, L. I., Neve, M., Porter, R. and Nutton, V. (eds) (1995), *The Western Medical Tradition, 800 BC to AD 1800*, Cambridge.

Cook, H. J. (1990), 'The New Philosophy and Medicine in Seventeenth-Century England', in D. C. Lindberg and R. S. Westman (eds), *Reappraisals of the Scientific Revolution*, Cambridge, 397—436.

Cook, H. J. (1994), *Trials of an Ordinary Doctor: Joannes Groenevelt in Seventeenth-Century London*, Baltimore.

Cook, H. J. (1996), 'Physicians and Natural History', in N. Jardine, J. A. Secord and E. C. Spary (eds), *Cultures of Natural History*, Cambridge, 91—105.

Cooter, R. J. (1984), *The Cultural Meaning of Popular Science: Phrenology and the Organisation of Consent in Nineteenth-Century Britain*, Cambridge.

Cooter, R. J. (1993a), *Surgery and Society in Peace and War*, Basingstoke.

Cooter, R. J. (1993b), 'War and Modern Medicine', in W. F. Bynum and R. Porter (eds), *Companion Encyclopedia of the History of Medicine*, London and New York, 1536—1573.

Cooter, R. J. (2000a), 'Disabled Body', in R. J. Cooter and J. V. Pickstone (eds), *Medicine in the Twentieth Century*, Amsterdam.

Cooter, R. J. (2000b), 'The Ethical Body', in R. J. Cooter and J. V. Pickstone (eds), *Medicine in the Twentieth Century*, Amsterdam.

** Cooter, R. J. and Pickstone, J. V. (eds) (2000), *Medicine in the Twentieth Century*, Amsterdam.

Cornwell, J. (1984), *Hard Earned Lives. Accounts of Health and Illness in East London*, London.

Corsi, P. (1988), *The Age of Lamarck: Evolutionary Theories in France, 1790—1830*, Berkeley, CA.

Cowan, R. S. (1983), *More Work for Mother: The Ironies of Household Technology from the Open Hearth to the Microwave*, New York.

* Cowan, R. S. (1997), *A Social History of American Technology*, New York and Oxford.

Crosland, M. P. (1967), *The Society of Arceuil: A View of French Science at the Time of Napoleon I*, London.

Crosland, M. P. (1970), 'Berthelot', *Dictionary of Scientific Biography*, vol. 2, New York, 63—72.

Crosland, M. P. (1978), *Historical Studies in the Language of Chemistry*, 2nd edn, New York.

Crosland, M. P. (1980), 'Chemistry and the Chemical Revolution', in G. S. Rousseau and R. S. Porter (eds), *The Ferment of Knowledge*, Cambridge, 389—416.

Crosland, M. P. and Smith, C. (1978), 'The Transmission of Physics from France to Britain: 1800—1840', *Historical Studies in Physical Sciences*, 9, 1—61.

Crowther, J. G. (1974), *The Cavendish Laboratory, 1874—1974*, New York.

Cullen, W. (1816), *First Lines of the Practice of Physic*, Philadelphia.

Cunningham, A. (1997), *The Anatomical Renaissance: The Resurrection of the Anatomical Projects of the Ancients*, Aldershot and Brookfield, VT.

Cunningham, A. and Jardine, N. (eds) (1990), *Romanticism and the Sciences*, Cambridge and New York.

Cunningham, A. and Williams, P. (1993), 'De-centring the "Big Picture":

The Origins of Modern Science and the Modern Origins of Science', *British Journal for the History of Science*, 26, 407—432.

Currer, C. and Stacey, M. (eds) (1986), *Concepts of Health, Illness and Disease*, Leamington Spa, Hamburg and New York.

Daniels, G. H. (1967), 'The Process of Professionalisation in American Science: The Emergent Period, 1820—1860', *Isis*, 58, 151—168.

Darwin, C. (1859), *The Origin of Species*, 1982 edn, Harmondsworth.

Daston, L. and Park, K. (1998), *Wonders and the Order of Nature 1150—1750*, New York.

Daudin, H. (1926), *De Linné à Jussieu. Méthodes de la Classification et Idée de Série en Botanique et en Zoologie (1740—1790)*, Paris.

Daudin, H. (1926), *Cuvier et Lamarck, Les Classes Zoologiques et l'Idée de Série Animale (1790—1830)*, Paris.

Davenport-Hines, R. and Slinn, J. A. (1992), *Glaxo: A History to 1962*, Cambridge.

Davies, P. (1983), 'Sir Arthur Schuster, 1851—1934', unpublished PhD thesis, UMIST.

Debus, A. G. (1978), *Man and Nature in the Renaissance*, Cambridge History of Science series, vol. 6, Cambridge and New York.

Delaporte, F. (ed.) (1994), *A Vital Rationalist: Selected Writings from Georges Canguilhem*, trans. A. Goldhammer, New York.

Dennis, M. A. (1987), 'Accounting for Research: New Histories of Corporate Laboratories and the Social History of American Science', *Social Studies in Science*, 17, 479—518.

Desmond, A. (1976), *The Hot-Blooded Dinosaurs: A Revolution in Palaeontology*, New York.

Desmond, A. (1989), *The Politics of Evolution: Morphology, Medicine and Reform in Radical London*, Chicago and London.

Desmond, A. (1994), *Huxley: The Devil's Disciple*, London.

Desmond, A. (1997), *Huxley: Evolution's High Priest*, London.

* Desmond, A. and Moore, J. R. (1992), *Darwin*, London.

Dhombres, N. and J. (1989), *Naissance d'un Nouveau Pouvoir: Sciences et Savants en France (1793—1824)*, Paris.

Dibner, B. (1972), 'Hopkinson', *Dictionary of Scientific Biography*, vol. 6, New York, 504.

Dolman, C. E. (1971), 'Ehrlich', *Dictionary of Scientific Biography*, vol 4, New York, 295—305.

Donovan, A. L. (1975), *Philosophical Chemistry in the Scottish Enlightenment: The Doctrines and Discoveries of William Cullen and Joseph Black*, Edinburgh.

Donovan, A. L. (1996), *Antoine Lavoisier: Science, Administration and Revolution*, Cambridge.

Dorson, R. M. (1968), *The British Folklorists: A History*, London.

Dostrovsky, S. (1976), 'Wheatstone', *Dictionary of Scientific Biography*, vol. 14, New York, 289—291.

Duden, B. (1991), *The Woman Beneath the Skin: A Doctor's Patients in Eighteenth-Century Germany,* Cambridge, MA.

Duffin, J. (1998), *To See with a Better Eye: A Life of RTH Laennec*, Princeton, NJ.

Dunsheath, P. (1962), *A History of Electrical Engineering*, London.

Dupree, A. H. (1957), *Science in the Federal Government: A History of Policies and Activities to 1940*, Cambridge, MA.

Eagleton, T. (1983), *Literary Theory: An Introduction*, Oxford.

Edgerton, D. E. H. (1992), *England and the Aeroplane: An Essay on a Militant and Technological Nation*, Basingstoke.

Edgerton, D. E. H. (1996a), *Industrial Research and Innovation in Business*, Brookfield, VT.

* Edgerton, D. E. H. (1996b), *Science, Technology and the British Industrial 'Decline' 1870—1970*, Cambridge.

Edgerton, D. E. H. (1997), 'Science in the United Kingdom: A Study in the Nationalization of Science', in J. Krige and D. Pestre (eds), *Science in the Twentieth Century*, Amsterdam, 759—776.

Edgerton, D. E. H. (1999), 'From Innovation to Use: Ten Eclectic Theses on the Historiography of Technology', *History and Technology*, 16, 111—136.

Edgerton, D. E. H. and Horrocks, S. (1994), 'British Industrial R&D before 1945', *Economic History Review*, 47, 213—238.

Elsner, J. and Cardinal, R. (eds) (1994), *The Cultures of Collecting*, London.

Entralgo, P. L. (1969), *Doctor and Patient*, London.

Eribon, D. (1991), *Michel Foucault*, trans. B. Wing, Cambridge, MA.

* Evans, R. J. (1987), *Death in Hamburg*, Oxford.

Farley, J. (1991), *Bilharzia: A History of Imperial Tropical Medicine*, Cambridge.

Farrar, W. V. (1997), *Chemistry and the Chemical Industry in the Nineteenth Century: The Henrys of Manchester and other Studies*, ed. by R. L. Hills and W. H. Brock, Aldershot.

Faulkner, W. and Kerr, E. A. (1997), 'On Seeing Brockenspectres: Sex and

Gender in Twentieth-Century Science', in J. Krige and D. Pestre (eds), *Science in the Twentieth Century*, Amsterdam, 43—60.

Ferraris, M. (1996), *History of Hermeneutics*, trans. L. Somigli, Atlantic Highlands, NJ.

Feyerabend, P. (1975), *Against Method: Outline of an Anarchistic Theory of Knowledge*, London.

Figlio, K. (1977), 'The Historiography of Scientific Medicine: An Invitation to the Human Sciences', *Comparative Studies in Science and Society*, 19, 262—286.

Findlen, P. (1994), *Possessing Nature: Museums, Collecting and Scientific Culture in Early Modern Italy*, Berkeley, CA.

Fisher, N. (1990), 'The Classification of the Sciences', in R. C. Olby, G. N. Cantor, J. R. R. Christie and M. J. S. Hodge (eds), *Companion to the History of Modern Science*, London, 853—868.

Fissell, M. E. (1991), *Patients, Power and the Poor in Eighteenth Century Bristol*, Cambridge.

Forgan, S. (1994), 'The Architecture of Display: Museums, Universities and Objects in Nineteenth-Century Britain', *History of Science*, 32, 139—162.

Foster, W. D. (1961), *A Short History of Clinical Pathology*, London.

Foster, W. D. (1983), *Pathology as a Profession in Great Britain*, London.

Foucault, M. (1970), *The Order of Things. An Archaeology of the Human Sciences*, London.

Foucault, M. (1971), *Madness and Civilisation*, London.

Foucault, M. (1972), *The Archaeology of Knowledge*, trans. A. M. Sheridan, London.

Foucault, M. (1973), *The Birth of the Clinic*, London.

Foucault, M. (1979), *Discipline and Punish*, trans. A. Sheridan, London.

Fox, R. (1992), *The Culture of Science in France, 1700—1900*, Aldershot, and Brookfield, VT.

Fox, R. (ed.) (1996), *Technological Change: Methods and Themes in the History of Technology*, Amsterdam.

Fox, R. and Guagnini, A. (eds) (1993), *Education, Technology and Industrial Performance in Europe, 1850—1939*, Cambridge.

Fox, R. and Guagnini, A. (1998), 'Laboratories, Workshops and Sites. Concepts and Practices of Research in Industrial Europe, 1800—1914, part 1', *Historical Studies in the Physical and Biological Sciences*, 29:1, 55—139.

Fox, R. and Guagnini, A. (1999), 'Laboratories, Workshops and Sites. Concepts and Practices of Research in Industrial Europe, 1800—1914, part 2', *Historical Studies in the Physical and Biological Sciences*, 29: 2, 191—294.

Fox, R. and Weisz, G. (1980), *The Organisation of Science and Technology in France 1808—1914*, Cambridge.

Frängsmyr, T. (ed.) (1984), *Linnaeus: The Man and his Work*, Berkeley, CA.

French, R. (1994), *William Harvey's Natural Philosophy*, Cambridge.

French, R. and Wear, A. (eds) (1991), *British Medicine in An Age of Reform*, London.

French, R. D. (1975), *Antivivisection and Medical Science in Victorian Society*, Princeton, NJ.

Galambos, L. and Sturchio, J. L. (1997), 'The Transformation of the Pharmaceutical Industry in the Twentieth Century', in J. Krige and D. Pestre (*eds*), *Science in the Twentieth Century*, Amsterdam, 227—252.

Galison, P. L. (1987), *How Experiments End*, Chicago and London.

Galison, P. L. (1997), *Image and Logic: A Material Culture of Microphysics*, Chicago and London.

Galison, P. L. and Assmus, A. (1989), 'Artificial Clouds, Real Particles', in D. Gooding, T. Pinch and S. Schaffer (eds) *The Uses of Experiment: Studies in the Natural Sciences*, Cambridge, 225—274.

Galison, P. L. and Hevly, B. (eds) (1992), *Big Science: The Growth of Large-Scale Research*, Stanford, CA.

Gaudillière, J.-P. and Löwy, I. (eds) (1998), *The Invisible Industrialist: Manufactures and the Production of Scientific Knowledge*, Basingstoke, London and New York.

Geiger, R. (1992), 'Science, Universities and National Defense, 1945—1970', *Osiris*, 7, 226—248.

Geiger, R. L. (1997), 'Science and the University: Patterns from the US Experience in the Twentieth Century', in J. Krige and D. Pestre (eds), *Science in the Twentieth Century*, Amsterdam, 159—174.

Geison, G. L. (1970—80), 'Pasteur', *Dictionary of Scientific Biography*, vol. 10, New York, 350—416.

Geison, G. L. (1978), *Michael Foster and the Cambridge School of Physiology*, Princeton, NJ.

Geison, G. L. (ed.) (1984), *Professions and the French State, 1700—1900*, Philadelphia.

Geison, G. L. (1995), *The Private Science of Louis Pasteur*, Princeton, NJ.

Gelfand, T. (1980), *Professionalising Modern Medicine: Paris Surgeons and Medical Science and Institutions in the Eighteenth Century*, Westport,

CT.

Gibson, A. and Farrar, W. V. (1974), 'Robert Angus Smith, F. R. S. and "Sanitary Science"', *Notes and Records, Royal Society of London*, 28, 241—262.

Gilbert, S. F. (ed.) (1994), *A Conceptual History of Modern Embryology*, Baltimore.

Gilfillan, S. C. (1962), *The Sociology of Invention*, Chicago.

Gill, S. (1989), *William Wordsworth. A Life*, Oxford.

Gillispie, C. C. (1965), 'Science and Technology', in C. W. Crawley (ed.) *The New Cambridge Modern History*, vol. 9, Cambridge, 118—145.

Gillispie, C. C. (1967), *The Edge of Objectivity*, Princeton, NJ.

Gillispie, C. C. (1971), *Lazare Carnot, Savant*, Princeton, NJ.

Gillispie, C. C. (1972), 'The Natural History of Industry', in A. E. Musson (ed.), *Science, Technology and Economic Growth in the Eighteenth Century*, London, 121—135.

Gillispie, C. C. (1980), *Science and Polity in France at the End of the Old Regime*, Princeton, NJ.

Golinski, J. (1992), *Science as Public Culture: Chemistry and Enlightenment in Britain, 1760—1820*, Cambridge.

* Golinski, J. (1998), *Making Natural Knowledge: Constructivism and the History of Science*, Cambridge.

Gooday, G. (1990), 'Precision Measurement and the Genesis of Physics Teaching Laboratories in Victorian Britain', *British Journal for the History of Science*, 23, 25—51.

Gooday, G. (1991a), 'Teaching Telegraphy and Electrotechnics in the Physics Laboratory: William Ayrton and the Creation of an Academic Space for Electrical Engineering, 1873—1884', *History of Technology*, 13, 73—111.

Gooday, G. (1991b), ' "Nature", in the Laboratory: Domestication and Discipline with the Microscope in Victorian Life Science', *British Journal for the History of Science*, 24, 307—341.

Gooday, G. (1995), 'The Morals of Energy Metering: Conducting and Deconstructing the Precision of the Victorian Electrical Engineer's Ammeter and Voltmeter', in M. N. Wise (ed.), *The Values of Precision*, Princeton, NJ, 230—282.

Gooding, D. (1985), ' "In Nature's School": Faraday as an Experimentalist', in D. Gooding and F. A. J. L. James (eds), *Faraday Rediscovered*, New York, 105—135.

Gooding, D. and James, F. A. J. L. (eds) (1985), *Faraday Rediscovered*, New York.

Gooding, D., Pinch, T. and Schaffer, S. (eds) (1989), *The Uses of Experiment: Studies in the Natural Sciences*, Cambridge.

Goodman, J. (2000), 'Pharmaceutical Industry', in R. Cooter and J. Pickstone (eds), *Medicine in the Twentieth Century*, Amsterdam.

Gough, J. B. (1970), 'Becquerel (1820—1891)', *Dictionary of Scientific Biography*, vol. 1, New York, 555—556.

Gouk, P. (1997), 'Natural Philosophy and Natural Magic', in E. Fucíková (ed.), *Rudolf II and Prague: The Court and the City*, London, 231—237.

Gould, P. C. (1988), *Early Green Politics: Back to Nature, Back to the Land, and Socialism, 1880—1900*, London.

* Gould, S. J. (1978), *Ontogeny and Phylogeny*, Cambridge, MA.

* Gould, S. J. (1987), *Time's Arrow, Time's Cycle*, Cambridge, MA.

Gowing, M. (1964), *Britain and Atomic Energy, 1939—1945*, Basingstoke.

Grafton, A. (1992), *New Worlds, Ancient Texts: The Power of Tradition and the Shock of Discovery*, Cambridge, MA.

Granshaw, L. (1985), *St Mark's Hospital, London: A Social History of a Specialist Hospital*, London.

Grattan-Guiness, I. (1981), 'Mathematical Physics in France, 1800—1835', in H. N. Jahnke and M. Otte (eds), *Epistemological and Social Problems of the Sciences in the Early Nineteenth Century*, Dordrecht, 349—370.

Grattan-Guiness, I. and Ravetz, J. R. (1972), *Joseph Fourier, 1769—1830: A Survey of his Life and Work based on a Critical Edition of the Monograph on the Propagation of Heat*, Cambridge, MA.

Greenaway, F. (1966), *John Dalton and the Atom*, London.

Grmek, M. D. (1970), 'Claude Bernard', *Dictionary of Scientific Biography*, vol. 2, New York, 24—34.

Guagnini, A. (1991), 'The Fashioning of Higher Technical Education and Training in Britain: The Case of Manchester, 1851—1914', in H. F. Gospel (ed.), *Industrial Training and Technological Innovation: A Comparative Historical Study*, London, 69—92.

Gutting, G. (1989), *Michel Foucault's Archaeology of Scientific Reason*, Cambridge.

Gutting, G. (1990), 'Continental Philosophy and the History of Science', in R. C. Olby, G. N. Cantor, J. R. R. Christie and M. J. S. Hodge (eds), *Companion to the History of Modern Science*, London, 127—147.

Haber, L. F. (1958), *The Chemical Industry during the Nineteenth Century: A Study of the Economic Aspect of Applied Chemistry in Europe and North America*, Oxford.

Habermas, J. (1989), *The Structural Transformation of the Public Sphere: An Inquiry into a Category of Bourgeois Society (1962)*, Cambridge, MA.

Hacking, I. (1983), *Representing and Intervening: Introductory Topics in the Philosophy of Natural Science*, Cambridge.

Hacking, I. (1990), *The Taming of Chance*, Cambridge.

Haigh, E. (1984), 'Xavier Bichat and the Medical Theory of the Eighteenth Century', *Medical History*, supplement no. 4, London.

Haines, B. (1978), 'The Inter-Relations between Social, Biological and Medical Thought, 1750—1850: Saint-Simon and Comte', *British Journal for the History of Science*, 11, 19—35.

Hallam, A. (1973), *A Revolution in the Earth Sciences: From Continental Drift to Plate Tectonics*, Oxford.

Hamlin, C. (1998), *Public Health and Social Justice in the Age of Chadwick: Britain, 1800—1854*, Cambridge and New York.

Hankins, T. L. (1985), *Science and the Enlightenment*, Cambridge History of Science series, vol. 8, Cambridge and New York.

Haraway, D. (1989), *Primate Visions: Gender, Race and Nature in the World of Modern Science*, London and New York.

Hardie, D. F. W. and Pratt, J. D. (1966), *A History of the Modern British Chemical Industry*, Oxford.

Harding, S. (1991), *Whose Science? Whose Knowledge? Thinking From Women's Lives*, Milton Keynes.

Harding, S. and O'Barr, J. F. (eds) (1987), *Sex and Scientific Enquiry*, Chicago and London.

Harris, H. (1998), *The Birth of the Cell*, New Haven, CT, and London.

Harvey, A. M. (1981), *Science at the Bedside; Clinical Research in Ameri-*

can Medicine, 1905—1945, Baltimore.

Harvey, W. (1628), *On the Motion of the Heart and of the Blood*, many editions.

Harwood, J. (1993), *Styles of Scientific Thought: the German Genetics Community, 1900—1933*, Chicago.

Heilbron, J. L. (1979), *Electricity in the 17th and 18th Centuries: A Study of Early Modern Physics*, Berkeley, CA, and London.

Helman, C. G. (1986), ' "Feed a Cold, Starve a Fever": Folk Models of Infection in an English Suburban Community, and their Relation to Medical Treatment', in C. Currer and M. Stacey (eds), *Concepts of Health, Illness and Disease*, Leamington Spa, Hamburg and New York, 211—231.

Henry, J. (1990), 'Magic and Science in the Sixteenth and Seventeenth Centuries', in R. C. Olby, G. N. Cantor, J. R. R. Christie and M. J. S. Hodge (eds), *Companion to the History of Modern Science*, London, 583—596.

* Henry, J. (1997), *The Scientific Revolution and the Origins of Modern Science*, Basingstoke.

Herrlinger, R. (1970), *History of Medical Illustration: From Antiquity to A.D. 1600*, trans G. F. Uitgeverig and N. V. Callenbach, London.

Herschel, J. (1835), *Preliminary Discourse on the Study of Natural Philosophy* (first published in 1830), 1999 edn, Bristol.

Hills, R. L. (1989), *Power from Steam: A History of the Stationary Steam Engine*, Cambridge.

Hobsbawm, E. J. (1962), *The Age of Revolution Europe 1789—1848*, London.

Hobsbawm, E. J. (1975), *The Age of Capital 1848—1875*, London.

Hodgkin, L. (1976), 'Politics and Physical Sciences', *Radical Science Journal*, 4, 29—60.

Holmes, F. L. (1974), *Claude Bernard and Animal Chemistry*, Cambridge, MA.

Holmes, F. L. (1985), *Lavoisier and the Chemistry of Life*, Madison.

Homburg, E. (1992), 'The Emergence of Research Laboratories in the Dyestuffs Industry, 1870—1900', *British Journal for the History of Science*, 25, 91—112.

Hooper-Greenhill, E. (1992), *Museums and the Shaping of Knowledge*, London.

Hopwood, N. (forthcoming), 'Embryology', in P. Bowler and J. V. Pickstone (eds), *Life and Earth Sciences*, Cambridge History of Sciences, vols 19—20.

Hoskin, M. A. (1970), 'Aitken', *Dictionary of Scientific Biography*, vol. 1, New York, 87—88.

Hounshell, D. A. and Smith, J. K. Jr (1988), *Science and Corporate Strategy: Dupont R & D, 1902—1980*, Cambridge.

Hufbauer, K. (1982), *The Formation of the German Chemical Community*, Berkeley, CA.

Hughes, H. S. (1974), *Consciousness and Society*, London (first published 1959, St Albans).

Hughes, J. (1998), 'Plasticine and Valves: Industry, Instrumentation and the Emergence of Nuclear Physics', in J.-P. Gaudillière and I. Löwy (eds), *The Invisible Industrialist: Manufactures and the Production of Scientific Knowledge*, Basingstoke, London and New York, 58—101.

Hughes, T. P. (1983), *Networks of Power: Electrification in Western Soci-*

ety 1880—1930, Baltimore.

* Hughes, T. P. (1989), *American Genesis: A Century of Invention and Technical Enthusiasm 1870—1970*, New York.

Hughes, T. P. (1996), 'Managing Complexity: Interdisciplinary Advisory Committees', in R. Fox (ed.), *Technological Change*, Amsterdam, 229—245.

Inkster, I. (1997), *Scientific Culture and Urbanisation in Industrialising Britain*, Aldershot.

Inkster, I. and Morrell, J. (eds) (1981), *Metropolis and Province: Science in British Culture, 1780—1850*, London.

Irwin, A. and Wynne, B. (eds) (1996), *Misunderstanding Science? The Public Reconstruction of Science and Technology*, Cambridge.

Israel, P. (1992), *From Machine Shop to Industrial Laboratory: Telegraphy and the Changing Context of American Invention, 1830—1920*, Baltimore, and London.

Jacob, F. (1974), *The Logic of Living Systems: A History of Heredity*, trans. B. E. Spillmann, London.

* Jacob, F. (1988), *The Logic of Life*, London.

Jacob, M. C. (1997), *Scientific Culture and the Making of the Industrial West*, Oxford.

Jahnke, H. N. and Otte, M. (eds) (1981), *Epistemological and Social Problems of the Sciences in the Early Nineteenth Century*, Dordrecht.

Jankovic, V. (2000), *Reading the Skies: A Cultural History of the English Weather, 1660—1820*, Manchester and Chicago.

Jardine, L. (1999), *Ingenious Pursuit: Building the Scientific Revolution*, London.

** Jardine, N., Secord, J. A. and Spary, E. C. (eds) (1995), *Cultures of Natural History*, Cambridge and New York.

Jewson, N. D. (1974), 'Medical Knowledge and the Patronage System in Eighteenth-Century England', *Sociology*, 8, 369—385.

Jewson, N. D. (1976), 'The Disappearance of the Sick Man from Medical Cosmology', *Sociology*, 10, 225—244.

Johnson, J. A. (1990), *The Kaiser's Chemists: Science and Modernisation in Imperial Germany*, London.

Jordanova, L. (1984), *Lamarck*, Oxford.

Josephson, M. (1959), *Edison*, New York.

Jungnickel, C. and McCormmach, R. (1986), *Intellectual Mastery of Nature: Theoretical Physics from Ohm to Einstein*, vol. 1, *The Torch of Mathematics, 1800—1870*, Chicago.

Kargon, R. H. (1977), *Science in Victorian Manchester: Enterprise and Expertise*, Manchester.

Kauffman, G. B. (1974), 'Magnus, Heinrich Gustav,' *Dictionary of Scientific Biography*, vol. 9, New York, 18—19.

Keller, E. F. (1983), *A Feeling for the Organism: The Life and Work of Barbara McClintock*, San Francisco.

Keller, E. F. and Longino, H. E. (1996), *Feminism and Science*, Oxford and New York.

Kemp, M. (1990), *The Science of Art: Optical Themes in Western Art from Brunelleschi to Seur*, New Haven, CT, and London.

Kemp, M. (1997), *Behind the Picture: Art and Evidence in the Italian Renaissance*, New Haven, CT, and London.

* Kevles, D. J. (1985), *In the Name of Eugenics: Eugenics and the Uses of*

Human Heredity, New York.

Kevles, D. J. (1987), *The Physicists: The History of a Scientific Community in Modern America*, Cambridge, MA.

Kevles, D. J. (1998), *The Baltimore Case: A Trial of Politics, Science and Character*, New York and London.

Klein, N. (2000), *No Logo: Taking Aim at the Brand Bullies*, London.

Knight, D. M. (1967), *Atoms and Elements*, London.

Knight, D. M. (1970), 'Antoine-César Becquerel (1788—1878)', *Dictionary of Scientific Biography*, vol. 1, New York, 557—558.

Knight, D. M. (1986), *The Age of Science: The Scientific World View in the Nineteenth Century*, Oxford.

Knight, D. M. (1992), *Ideas in Chemistry: A History of the Science*, London.

Knoepflmacher, U. C. and Tennyson, G. B. (1977), *Nature and the Victorian Imagination*, Berkeley and Los Angeles.

* Kragh, H. (1987), *An Introduction to the Historiography of Science*, Cambridge.

Krausz, M. (ed.) (1972), *Critical Essays on the Philosophy of R. G. Collingwood*, Oxford.

Krementsov, N. (1997), 'Russian Science in the Twentieth Century', in J. Krige and D. Pestre (eds), *Science in the Twentieth Century*, Amsterdam, 777—794.

Kremer, R. L. (1992), 'Building Institutes for Physiology in Prussia, 1836—1846: Contexts, Interests and Rhetoric', in A. Cunningham and P. Williams (eds), *The Laboratory Revolution in Medicine*, Cambridge, 72—109.

Krige, J. (1997), 'The Politics of European Scientific Collaboration', in J.

Krige and D. Pestre (eds), *Science in the Twentieth Century*, Amsterdam, 897—918.

** Krige, J. and Pestre, D. (eds) (1997), *Science in the Twentieth Century*, Amsterdam.

Kuhn, T. S. (1957), *The Copernican Revolution: Planetary Astronomy in the Development of Western Thought*, New York.

* Kuhn, T. S. (1962), *The Structure of Scientific Revolutions*, Chicago.

Kuhn, T. S. (1977), *The Essential Tension: Selected Studies in Scientific Tradition and Change*, Chicago and London.

Kuhn, T. S. (1977a), 'Energy Conservation as an Example of Simultaneous Discovery', *The Essential Tension: Selected Studies in Scientific Tradition and Change*, Chicago and London, 66—104.

Kuhn, T. S. (1977b), 'Mathematical versus Experimental Traditions in the Development of Physical Science', *The Essential Tension*, Chicago and London, 311—365.

Landes, D. S. (1969), *The Unbound Prometheus: Technological Change and Industrial Development in Western Europe from 1750 to the Present*, Cambridge.

Lanz, J. M. and de Betancourt, A. (1808), *Essai sur la Composition de Machines*, Paris.

Larson, J. L. (1971), *Reason and Experience: The Representation of Natural Order in the Work of Carl von Linné*, Berkeley, CA.

Latour, B. (1987a), *The Pasteurization of France*, Cambridge, MA.

** Latour, B. (1987b), *Science in Action*, Milton Keynes.

Latour, B. (1993), *We Have Never Been Modern*, London.

Laudan, R. (1987), *From Mineralogy to Geology: The Foundations of Sci-*

ence, 1650—1830, Chicago.

Laudan, R. (1990), 'The History of Geology, 1780—1840', in R. C. Olby, G. N. Cantor, J. R. R. Christie and M. J. S. Hodge (eds), *Companion to the History of Modern Science*, London, 314—325.

Lawrence, C. (1985), 'Incommunicable Knowledge: Science, Technology and the Clinical Art in Britain, 1850—1914', *Journal of Contemporary History*, 10, 503—520.

* Lawrence, C. (1994), *Medicine in the Making of Modern Britain, 1700—1920*, London and New York.

Lawrence, C. (1997), 'Clinical Research', in J. Krige and D. Pestre (eds), *Science in the Twentieth Century*, Amsterdam, 439—459.

Lawrence, C. and Weisz, G. (eds) (1998), *Greater than the Parts: Biomedicine 1920—1950*, Oxford.

Lawrence, S. (1996), *Charitable Knowledge: Hospital Pupils and Practitioners in Eighteenth-Century London*, Cambridge and New York.

Layton, D., Jenkins, E., Macgill, S. and Davey, A. (1993), *Inarticulate Science? Perspectives on the Public Understanding of Science and some Implications for Science Education*, Driffield, East Yorkshire.

Layton, E. (1971), 'Mirror Image Twins: The Communities of Science and Technology in 19th Century America', *Technology and Culture*, 12, 562—580.

Layton, E. (1974), 'Technology as Knowledge', *Technology and Culture*, 15, 31—41.

Lecourt, D. (1975), *Marxism and Epistemology: Bachelard, Canguilhem and Foucault*, trans. B. Brewster, London.

Lenoir, T. (1982), *The Strategy of Life: Teleology and Mechanics in Nine-*

teenth-Century German Biology, Dordrecht and London.

Lenoir, T. (1988), 'A Magic Bullet: Research for Profit and the Growth of Knowledge in Germany around 1900', *Minerva*, 26, 66—88.

Lenoir, T. (1997), *Instituting Science: The Cultural Production of Scientific Disciplines*, Stanford, CA.

Lepenies, W. (1985), *Between Literature and Science: The Rise of Sociology*, trans., R. J. Hollingdale, Cambridge and Paris.

Lesch, J. E. (1984), *Science and Medicine in France: The Emergence of Experimental Physiology 1790—1855*, Cambridge, MA.

Lesch, J. E. (1988), 'The Paris Academy of Medicine and Experimental Science, 1820—1848', in W. Coleman and F. L. Holmes (eds), *The Investigative Enterprise*, Berkeley and Los Angeles, 100—138.

Levine, J. P. (1977), *Dr. Woodward's Shield: History, Science, and Satire in Augustan England*, Ithaca, NY, and London.

Levine, P. (1986), *The Amateur and the Professional: Antiquarians, Historians and Archaeologists in Victorian England, 1838—1886*, Cambridge.

Lewis, C. S. (1954), *English Literature in the Sixteenth Century, Excluding Drama*, Oxford.

Liebenau, J. (1987), *Medical Science and Medical Industry: The Formation of the American Pharmaceutical Industry*, Basingstoke.

Lindberg, D. C. and Westman, R. S. (eds) (1990), *Reappraisals of the Scientific Revolution*, Cambridge.

Lovell, B. (1976), *P. M. S. Blackett: A Biographical Memoir*, London.

Löwy, I. (1996), *Between Bench and Bedside: Science, Healing, and Interleukin-2 in a Cancer Ward*, Cambridge, MA, and London.

Löwy, I. (1997), 'Cancer: The Century of the Transformed Cell', in J.

Krige and D. Pestre (eds), *Science in the Twentieth Century*, Amsterdam, 461—477.

Löwy, I. (2000), 'The Experimental Body', in R. Cooter and J. Pickstone (eds), *Medicine in the Twentieth Century*, Amsterdam.

Luker, K. (1984), *Abortion and the Politics of Motherhood*, Berkeley, CA, and London.

Lundgren, P. (1990), 'Engineering Education in Europe and the USA, 1750—1930: The Rise to Dominance of School Culture and the Engineering Professions', *Annals of Science*, 47, 33—75.

Macdonald, M. (1981), *Mystical Bedlam: Madness, Anxiety and Healing in Seventeenth-Century England*, Cambridge.

Macdonald, M. (1990), *Sleepless Souls: Suicide in Early Modern England*, Oxford.

Macfarlane, G. (1979), *Howard Florey: The Making of a Great Scientist*, Oxford.

Macfarlane, G. (1984), *Alexander Fleming: The Man and the Myth*, London.

Mackay, A. (1984), *The Making of the Atomic Age*, Oxford.

MacKenzie, J. M. (1988), *The Empire of Nature: Hunting, Conservation, and British Imperialism*, Manchester.

MacLeod, C. (1996), 'Concepts of Invention and the Patent Controversy in Victorian Britain', in R. Fox (ed.), *Technological Change*, Amsterdam, 137—153.

MacLeod, R. (1976), 'Tyndall', *Dictionary of Scientific Biography*, vol. 13, New York, 521—524.

MacLeod, R. (1996), *Public Science and Public Policy in Victorian Eng-*

land, Aldershot.

Magnello, E. (2000), *The National Physical Laboratory: An Illustrated History*, London.

Mahoney, M. S. (1997), 'The Search for a Mathematical Theory', in J. Krige and D. Pestre (eds), *Science in the Twentieth Century*, Amsterdam, 617—634.

Maienschein, J. (1991), *Transforming Traditions in American Biology, 1880—1915*, Baltimore.

Mandelbaum, M. (1971), *History, Man and Reason: A Study in Nineteenth-Century Thought*, Baltimore.

Marx, K. (1967), *Capital*, vol 1, trans S. Moore and E. Aveling, New York.

* Mason, S. F. (1962), *A History of the Sciences*, New York.

Matthews, J. R. (1995), *Quantification and the Quest for Medical Certainty*, Princeton, NJ.

Maulitz, R. C. (1987), *Morbid Appearances: The Anatomy of Pathology in the Early Nineteenth Century*, Cambridge.

Maulitz, R. C. and Long, D. (1988), *Grand Rounds: One Hundred Years of Internal Medicine*, Philadelphia.

Mayr, E. (1982), *The Growth of Biological Thought: Diversity, Evolution and Inheritance*, Cambridge, MA.

Mayr, O. (1986), *Authority, Liberty and Automatic Machinery in Early Modern Europe*, Baltimore and London.

McClelland, C. E. (1980), *State, Society and University in Germany, 1700—1914*, Cambridge.

McIntosh, R. P. (1985), *The Background of Ecology: Concept and Theory*,

Cambridge.

Meinel, C. (forthcoming), 'Modelling a Visual Language for Chemistry, 1860—1875', in S. de Chadarevian and N. Hopwood (eds), *Displaying the Third Dimension: Models in the Sciences, Technology and Medicine*, Stamford, CA.

Melhado, E. M. (1981), *Jacob Berzelius: The Emergence of his Chemical System*, Stockholm and Madison.

Melhado, E. M. (1992), 'Novelty and Tradition in the Chemistry of Berzelius (1803—1819)', in E. M. Melhado and T. Frängsmyr (eds), *Enlightenment Science in the Romantic Era: The Chemistry of Berzelius and its Cultural Setting*, Cambridge, 132—170.

Melhado, E. M. and Frängsmyr, T. (eds) (1992), *Enlightenment Science in the Romantic Era: The Chemistry of Berzelius and its Cultural Setting*, Cambridge.

Mendelsohn, E. (1997), 'Science, Scientists and the Military', in J. Krige and D. Pestre (eds), *Science in the Twentieth Century*, Amsterdam, 175—202.

** Merz, J. T. (1904—1912), *A History of European Thought in the Nineteenth Century*, 4 vols, New York.

Metzger, H. (1918), *La Génèse de la Science des Cristaux*, Paris.

Miall, S. (1931), *A History of the British Chemical Industry*, London.

Midgley, M. (1995), *Beast and Man: The Roots of Human Nature*, rev. edn, London and New York.

Miller, D. (1991), *Material Culture and Mass Consumption*, Oxford and Cambridge, MA.

Miller, D. L. (1992), *Lewis Mumford: A Life*, Pittsburgh.

Miller, D. P. and Reill, P. H. (eds) (1996), *Visions of Empire: Voyages, Botany, and Representations of Nature*, Cambridge.

Mirowski, P. (1989), *More Heat than Light*, Cambridge.

Moore, J. R. (1979), *The Post-Darwinian Controversies: A Study of the Protestant Struggle to Come to Terms with Darwin in Great Britain and America, 1870—1900*, New York.

Morantz-Sanchez, R. M. (1985), *Sympathy and Science: Women Physicians in American Medicine*, New York and Oxford.

Morantz-Sanchez, R. M. (1992), 'Feminist Theory and Historical Practice: Rereading Elizabeth Blackwell', *History and Theory*, 31, 51—69.

Morrell, J. (1972), 'The Chemist Breeders: The Research Schools of Liebig and Thomas Thomson', *Ambix*, 19, 1—46.

Morrell, J. (1997a), *Science at Oxford, 1914—1939: Transforming an Arts University*, Oxford.

Morrell, J. (1997b), *Science, Culture and Politics in Britain, 1750—1870*, Aldershot.

Morrell, J. and Thackray, A. (1981), *Gentlemen of Science: Early Years of the British Association for the Advancement of Science*, Oxford.

Morris, R. J. (1976), *Cholera 1832*, London.

Morton, A. G. (1981), *History of Botanical Science*, London.

Moseley, R. (1978), 'The Origins and Early Years of the National Physical Laboratory: A Chapter in the Pre-History of British Science Policy', *Minerva*, 16, 222—250.

Mowery, D. C. and Rosenberg, N. (1989), *Technology and the Pursuit of Economic Growth*, Cambridge.

Mulkay, M. (1997), *The Embryo Research Debate: Science and the Politics of Reproduction*, Cambridge.

Mumford, L. (1934), *Technics and Civilisation*, New York.

Mumford, L. (1964), 'Authoritarian and Democratic Technics', *Technology and Culture*, 5, 1—8.

Musson, A. E. (1975), 'Joseph Whitworth and the Growth of Mass-Production Engineering', *Business History*, 17, 109—149.

Musson, A. E. and Robinson, E. (1969), *Science and Technology in the Industrial Revolution*, Manchester.

Needham, J. (1959), *A History of Embryology*, 2nd edn, Cambridge.

Nicolson, M. (1987), 'Alexander von Humboldt, Humboldtian Science, and the Origins of the Study of Vegetation', *History of Science*, 25, 167—194.

Nordenskiold, E. (1928), *History of Biology*, New York.

* North, J. (1994), *The Fontana History of Astronomy and Cosmology*, London.

Nye, M. J. (1996), *Before Big Science: The Pursuit of Modern Chemistry and Physics*, New York and London.

O'Brien, P., Griffiths, T. and Hunt, P. (1996), 'Technological Change during the First Industrial Revolution: The Paradigm Case of Textiles, 1688—1851', in R. Fox (ed.), *Technological Change*, Amsterdam, 155—176.

Olby, R. (1974), *The Path to the Double Helix: The Discovery of DNA*, London.

** Olby, R. C., Cantor, G. N., Christie, J. R. R. and Hodge, M. J. S. (eds) (1990), *Companion to the History of Modern Science*, London and New York.

Olesko, K. M. (1988), 'Commentary on Institutes, Investigations and Scientific Training', in W. Coleman and F. L. Holmes (eds), *The Investigative*

Enterprise, Berkeley, CA, 295—332.

Olesko, K. M. (1991), *Physics as a Calling: Discipline and Practice in the Konigsberg Seminar for Physics*, New York and London.

Orel, V. (1984), *Mendel*, trans. S. Finn, Oxford.

Oudshoorn, N. (1994), *Beyond the Natural Body: An Archeology of Sex Hormones*, London.

Oudshoorn, N. (1998), 'Shifting Boundaries between Industry and Science: The Role of the WHO in Contraceptive R&D', in J.-P. Gaudillière and I. Löwy (eds), *The Invisible Industrialist*, Basingstoke, London and New York, 345—368.

Outhwaite, W. (1975), *Understanding Social Life: The Method Called Verstehen*, London.

Outram, D. (1984), *Georges Cuvier. Vocation, Science and Authority in Post-Revolutionary France*, Manchester.

Owens, L. (1997), 'Science in the United States', in J. Krige and D. Pestre (eds), *Science in the Twentieth Century*, Amsterdam, 821—837.

* Pacey, A. (1974), *The Maze of Ingenuity: Ideas and Idealism in the Development of Technology*, London.

Parascandola, J. (ed.) (1980), *The History of Antibiotics*, Madison.

Patterson, E. (1970), *John Dalton and the Atomic Theory*, New York.

Pauly, P. J. (1987), *Controlling Life: Jacques Loeb and the Engineering Ideal in Biology*, New York and Oxford.

Perez, J. F. and Tascon, I. G. (eds) (1991), *Description of the Royal Museum Machines*, Madrid.

Pérez-Ramos, A. (1988), *Francis Bacon's Idea of Science and the Maker's Knowledge Tradition*, London.

Pernick, M. (1985), *A Calculus of Suffering: Pain, Professionalism and Anesthesia in Nineteenth-Century America*, New York.

Peters, T. F. (1996), *Building the Nineteenth Century*, Cambridge, MA.

Phillips, I. A. (1989), 'Concepts and Methods in Animal Breeding 1770—1870', unpublished PhD thesis, UMIST.

Pick, D. (1993), *War Machine: The Rationalisation of Slaughter in the Modern Age*, New Haven, CT, and London.

Pickstone, J. V. (1973), 'Globules and Coagula: Concepts of Tissue Formation in the Early Nineteenth Century', *Journal of the History of Medicine*, 28, 336—356.

Pickstone, J. V. (1981), 'Bureaucracy, Liberalism and the Body in Post-Revolutionary France: Bichat's Physiology and the Paris School of Medicine', *History of Science*, 19, 115—142.

Pickstone, J. V. (1985), *Medicine and Industrial Society: A History of Hospital Development in Manchester and its Region, 1752—1946*, Manchester.

Pickstone, J. V. (1990), 'Physiology and Experimental Medicine', in R. C. Olby, G. N. Cantor, J. R. R. Christie and M. J. S. Hodge (eds), *Companion to the History of Modern Science*, London, 728—742.

Pickstone, J. V. (ed.) (1992a), *Medical Innovations in Historical Perspective*, Basingstoke and London.

Pickstone, J. V. (1992b), 'Dearth, Dirt and Fever Epidemics; Rewriting the History of British "Public Health", 1780—1850', in T. Ranger and P. Slack (eds), *Epidemics and Ideas: Essays on the Historical Perception of Pestilence*, Cambridge, 125—148.

Pickstone, J. V. (1993a), 'Ways of Knowing: Towards a Historical Sociology of Science, Technology and Medicine', *British Journal for the History of Science*, 26, 433—458.

Pickstone, J. V. (1993b), 'The Biographical and the Analytical: Towards a Historical Model of Science and Practice in Modern Medicine', in I. Löwy (ed.), *Medicine and Change: Historical and Sociological Studies of Medical Innovation*, Paris (Les Editions INSERM, John Libbey), 23—46.

Pickstone, J. V. (1994a), 'Museological Science? The Place of the Analytical/Comparative in Nineteenth-Century Science, Technology and Medicine', *History of Science*, 32, 111—138.

Pickstone, J. V. (1994b), 'Objects and Objectives in the History of Medicine', in G. Lawrence (ed.), *Technologies of Modern Medicine*, London, 13—24.

Pickstone, J. V. (1995), 'Past and Present Knowledges in the Practice of History of Science', *History of Science*, 33, 203—224.

Pickstone, J. V. (1996), 'Bodies, Fields and Factories: Technologies and Understandings in the Age of Revolutions', in R. Fox (ed.), *Technological Change: Methods and Themes in the History of Technology*, Amsterdam, 51—61.

Pickstone, J. V. (1997), 'Thinking over Wine and Blood: Craft-Products, Foucault, and the Reconstruction of Enlightenment Knowledges', *Social Analysis*, 41, 99—108.

Picon, A. (1992), *L'Invention de l'Ingénieur Moderne: L'Ecole des Ponts et Chaussées 1747—1851*, Paris.

Picon, A. (1996), 'Towards a History of Technological Thought', in R. Fox (ed.), *Technological Change*, Amsterdam, 37—49.

Pinell, P. (1992), *Naissance d'un Fléau: Histoire de la Lutte contre le Canc-*

er en France (1890—1940), Paris.

Pinell, P. (2000), 'Cancer', in R. J. Cooter and J. V. Pickstone (eds), *Medicine in the Twentieth Century*, Amsterdam.

Pointon, M. (1993), *Hanging the Head: Portraiture and Social Formation in Eighteenth-Century England*, New Haven, CT, and London.

Pointon, M. (ed.) (1994), *Art Apart: Art Institutions and Ideology across England and North America*, Manchester.

Polanyi, M. (1958), *Personal Knowledge: Towards a Post-Critical Philosophy*, London.

Pomata, G. (1996), ' "Observatio" ovvero "Historia": Note su Empirismo e Storia in Età Moderna', *Quaderni Storici*, 91, 173—198.

Porter, D. (ed.) (1994), *The History of Public Health and the Modern State*, Amsterdam.

Porter, D. (2000), 'The Healthy Body', in R. J. Cooter and J. V. Pickstone (eds), *Medicine in the Twentieth Century*, Amsterdam.

Porter, R. (1977), *The Making of Geology: Earth Science in Britain 1660—1815*, Cambridge.

Porter, R. (ed.) (1995), *Medicine in the Enlightenment*, Amsterdam and Atlanta, GA.

* Porter, R. (ed.) (1996), *The Cambridge Illustrated History of Medicine*, Cambridge.

* Porter, R. (1997), *The Greatest Benefit to Mankind*, London.

Porter, R. and Teich, N. (eds) (1992), *Scientific Revolution in National Context*, Cambridge.

Porter, T. M. (1990), 'Natural Science and Social Theory', in R. C. Olby, G. N. Cantor, J. R. R. Christie and M. J. S. Hodge (eds), *Companion to the History of Modern Science*, London, 1024—1043.

Porter, T. M. (1995), *Trust in Numbers: The Pursuit of Objectivity in Science and Public Life*, Princeton, NJ.

Price, D. De S. (1965), *Little Science, Big Science*, New York.

Price, G. (1976), *The Politics of Planning and the Problems of Science Policy*, Manchester.

Proctor, R. N. (1991), *Value-Free Science? Purity and Power in Modern Knowledge*, London and Cambridge, MA.

Pumfrey, S., Rossi, P. L. and Slawinski, M. (eds) (1991), *Science, Culture and Popular Belief in Renaissance Europe*, Manchester and New York.

Raven, C. E. (1968), *English Naturalists from Neckham to Ray: A Study of the Making of the Modern World*, New York.

* Ravetz, J. R. (1971), *Scientific Knowledge and its Social Problems*, Oxford.

Ravetz, J. R. (1990), 'The Copernican Revolution', in R. C. Olby, G. N. Cantor, J. R. R. Christie and M. J. S. Hodge (eds), *Companion to the History of Modern Science*, London, 201—216.

Reader, W. J. (1970, 1975), *Imperial Chemical Industries*, vols 1 and 2, London.

Reddy, W. M. (1986), 'The Structure of a Cultural Crisis: Thinking about Cloth in France Before and After the Revolution', in A. Appadurai (ed.), *The Social Life of Things: Commodities in Cultural Perspective*, Cambridge, 261—284.

Reich, L. S. (1985), *The Making of American Industrial Research: Sciences and Business at G.E. and Bell, 1876—1926*, Cambridge, MA.

Reuleaux, F. (1876), *Kinematics of Machinery*, trans. A. B. W. Kennedy, London.

Rhodes, R. (1986), *The Making of the Atomic Bomb*, London and New York.

Ricardo, D. (1971), *On the Principles of Political Economy and Taxation*, ed. R. M. Hartwell, London (first published 1817).

Richards, R. J. (1987), *Darwin and the Emergence of Evolutionary Theories of Mind and Behavior*, Chicago.

* Richardson, R. (1988), *Death, Dissection and the Destitute*, London.

* Risse, G. B. (1999), *Mending Bodies, Saving Souls: A History of Hospitals*, New York and Oxford.

Ritvo, H. (1987), *The Animal Estate: The English and Other Creatures in the Victorian Age*, Cambridge, MA.

Roger, J. (1971), *Les Sciences de la Vie dans la Pensée Française de la XVIIIeSiècle*, Paris.

Roll, E. (1973), *A History of Economic Thought*, 4th edn, London.

Romer, A. (1970), '; Antoine-] Henri Becquerel (1852—1908)', *Dictionary of Scientific Biography*, vol. 1, New York, 558—561.

Rosenberg, C. E. (1976), *No Other Gods: On Science and American Social Thought*, Baltimore and London.

* Rosenberg, C. E. (1992a), *Explaining Epidemics and Other Studies in the History of Medicine*, Cambridge.

Rosenberg, C. E. (1992b), 'The Therapeutic Revolution: Medicine, Meaning and Social Change in Nineteenth-Century America', in C. E. Rosenberg, *Explaining Epidemics and Other Studies in the History of Medicine*, Cambridge, 9—31.

Rosenberg, C. E. (1992c), 'Florence Nightingale on Contagion: The Hospital as Moral Universe', in C. E. Rosenberg, *Explaining Epidemics and Other Studies in the History of Medicine*, Cambridge, 90—108.

* Rosenberg, C. E. and Golden, J. (eds) (1992), *Framing Disease: Studies in Cultural History*, New Brunswick, NJ.

Rosenberg, N. (1976), *Perspectives on Technology*, Cambridge.

Rosenberg, N. (1982), *Inside the Black Box: Technology and Economics*, Cambridge.

Rosenberg, N. and Vincenti, W. G. (1978), *The Britannia Tubular Bridge: The Generation and Diffusion of Technological Knowledge*, Boston.

Rossi, P. (1957), *Francis Bacon: From Magic to Science*, trans. S. Rabinovitch, Chicago.

Rossi, P. (1970), *Philosophy, Technology, and the Arts in the Early Modern Era*, New York.

* Rouse, J. (1987), *Knowledge and Power: Toward a Political Philosophy of Science*, Ithaca, NY, and London.

Rousseau, G. S. and Porter, R. (eds) (1980), *The Ferment of Knowledge: Studies in the Historiography of Eighteenth-Century Science*, Cambridge.

Rudwick, M. J. S. (1972), *The Meaning of Fossils: Episodes in the History of Paleontology*, New York.

Rudwick, M. J. S. (1976), 'The Emergence of a Visual Language for Geological Science, 1760—1840', *History of Science*, 14, 149—195.

Rudwick, M. J. S. (1980), 'Social Order and the Natural World', *History of Science*, 18, 269—285.

Rudwick, M. J. S. (1985), *The Great Devonian Controversy: The Shaping of Scientific Knowledge among Gentlemanly Specialists*, Chicago.

Rupke, N. A. (1994), *Richard Owen: Victorian Naturalist*, New Haven, CT.

Russell, C. A. (1996), *Edward Frankland: Chemistry, Controversy and Conspiracy in Victorian England*, Cambridge.

Russell, C. A. with Coley, N. G. and Roberts, G. K. (1977), *Chemists by Profession: The Origins of the Royal Institute of Chemistry*, Milton Keynes.

Russell, E. S. (1916), *Form and Function: A Contribution to the History of Animal Morphology*, London.

Sachs, J. von (1890), *History of Botany 1530—1860*, Oxford.

Salomon-Bayet, C. (1986), *Pasteur et la Révolution Pastorienne*, Paris.

Sanderson, M. (1972), *The Universities and British Industry, 1850—1970*, London.

Santillana, G. de (1959), 'The Role of Art in the Scientific Renaissance', in M. Clagett (ed.), *Critical Problems in the History of Science*, Madison and London.

Schabas, M. (1990), *A World Ruled by Number: William Stanley Jevons and the Rise of Mathematics*, Princeton, NJ, and London.

Schaffer, S. (1980a), 'Herschel in Bedlam: Natural History and Stellar Astronomy', *British Journal for the History of Science*, 13, 211—239.

Schaffer, S. (1980b), 'Natural Philosophy', in G. S. Rousseau and R. Porter (eds), *The Ferment of Knowledge: Studies in the Historiography of Eighteenth-Century Science*, Cambridge, 55—92.

Schaffer, S. (1992), 'Late Victorian Metrology and its Instrumentation: A Manufactory of Ohms', in R. Bud and S. E. Cozzens (eds), *Invisible Connections: Instruments, Institutions, and Science*, Bellingham, 23—56.

Schaffer, S. (1995), 'Where Experiments End: Tabletop Trials in Victorian Astronomy', in J. Z. Buchwald (ed.), *Scientific Practice: Theories and Stories of Doing Physics*, Chicago and London, 257—299.

Schaffer, S. and Shapin, S. (1985), *Leviathan and the Air Pump*, Princeton, NJ.

Schneider, M. A. (1993), *Culture and Enchantment*, Chicago and London.

Schofield, R. E. (1969), *Mechanism and Materialism: British Natural Philosophy in an Age of Reason*, Princeton, NJ.

Schumpeter, J. (1976), *Capitalism and Social Democracy*, London (first published in 1942).

Schupbach, W. (1982), 'The Paradox of Rembrandt's "Anatomy of Dr. Tulp"', *Medical History*, supplement no. 2, London.

Schuster, A. (1900), *The Physical Laboratories of the University of Manchester*, Manchester.

Schuster, J. A. (1990), 'The Scientific Revolution', in R. C. Olby, G. N. Cantor, J. R. R. Christie and M. J. S. Hodge (eds), *Companion to the History of Modern Science*, London, 217—242.

Secord, A. (1994), 'Science in the Pub-Artisan Botanists in Early-Nineteenth-Century Lancashire', *History of Science*, 32, 269—315.

Secord, J. A. (1986), *Controversy in Victorian Geology: The Cambrian-Silurian Dispute*, Princeton, NJ.

Shaffer, E. S. (1990), 'Romantic Philosophy and the Organization of the Disciplines: The Founding of the Humboldt University of Berlin', in A. Cunningham and N. Jardine (eds), *Romanticism and the Sciences*, Cambridge and New York, 38—54.

Shapin, S. (1994), *A Social History of Truth: Civility and Science in Sev-*

enteenth Century England, Chicago and London.

* Shapin, S. (1996), *The Scientific Revolution*, Chicago.

Shapin, S. and Schaffer, S. (1985), *Leviathan and the Air-Pump: Hobbes, Boyle, and the Experimental Life*, Princeton, NJ.

Sheal, J. (1976), *Nature in Trust: The History of Nature Conservation in Britain*, Glasgow.

Sheets-Pyenson, S. (1989), *Cathedrals of Science: The Development of Colonial Natural History Museums during the Late Nineteenth Century*, Montreal.

Shilts, R. (1987), *And the Band Played On: Politics, People and the AIDS Epidemic*, London.

Shinn, T. (1980), *L'Ecole Polytechnique 1794—1914: Savoir Scientifique et Pouvoir Social*, Paris.

Shinn, T. (1992), 'Science, Tocqueville, and the State: the Organisation of Knowledge in Modern France', *Social Research*, 59, 533—566.

Sibum, O. (1995), 'Reworking the Mechanical Values of Heat: Instruments of Precision and Gestures in Early Victorian England', *Studies in History of the Physicial Sciences*, 26, 73—106.

Simon, B. (1997), *In Search of a Grandfather: Henry Simon of Manchester, 1835—1899*, Leicester.

Sloan, P. R. (1990), 'Natural History, 1670—1802', in R. C. Olby, G. N. Cantor, J. R. R. Christie and M. J. S. Hodge (eds), *Companion to the History of Modern Science*, London, 295—313.

Smith, A. (1776), *The Wealth of Nations*, 1982 edn, Harmondsworth.

Smith, C. (1990), 'Energy', in R. C. Olby, G. N. Cantor, J. R. R. Christie and M. J. S. Hodge (eds), *Companion to the History of Modern Sci-*

ence, London, 326—341.

* Smith, C. (1998), *The Science of Energy: A Cultural History of Energy Physics in Victorian Britain*, London.

Smith, C. and Wise, N. M. (1989), *Energy and Empire: A Biographical Study of Lord Kelvin*, Cambridge.

Smith, J. G. (1979), *The Origins and Early Development of the Heavy Chemical Industry in France*, Oxford.

Smith, M. R. (ed.) (1985), *Military Enterprise and Technological Change*, London and Cambridge, MA.

* Smith, R. (1997), *The Fontana History of the Human Sciences*, London.

Spary, E. C. (1995), 'Political, Natural and Bodily Economies', in N. Jardine, J. A. Secord and E. C. Spary (eds), *The Cultures of Natural History*, Cambridge and New York, 178—196.

* Stacey, M. (1988), *The Sociology of Health and Healing*, London.

Stafleu, F. (1971), *Linnaeus and the Linnaeans: The Spreading of their Ideas in Systematic Botany*, Utrecht.

Stansfield, R. G. (1990), 'Could We Repeat It', in J. Roche (ed.), *Physicists Look Back: Studies in the History of Physics*, Bristol, 88—110.

Star, S. L. and Griesmer, J. R. (1989), 'Institutional Ecology, "Translations", and Boundary Objects: Amateurs and Professionals in Berkeley's Museum of Verterbrate Zoology, 1907—1939', *Social Studies of Science*, 13, 205—228.

Stearn, W. T. (1981), *The Natural History Museum at South Kensington*, London.

Stemerding, D. (1991), *Plants, Animals and Formulae: Natural History in the Light of Latour's Science in Action and Foucault's The Order of*

Things, Enschede.

Stewart, L. S. (1992), *The Rise of Public Science: Rhetoric, Technology and Natural Philosophy in Newtonian Britain*, Cambridge.

Stocking, G. Jr (ed.) (1985), *Objects and Others: Essays on Museums and Material Culture*, Madison.

Studer, K. E. and Chubin, D. E. (1980), *The Cancer Mission: Social Contexts of Biomedical Research*, Beverly Hills, CA, and London.

Sturdy, S. (1992a), 'From the Trenches to the Hospitals at Home: Physiologists, Clinicians and Oxygen Therapy', in J. V. Pickstone (ed.), *Medical Innovations in Historical Perspective*, Basingstoke and London, 104—123.

Sturdy, S. (1992b), 'The Political Economy of Scientific Medicine: Science, Education and the Transformation of Medical Practice in Sheffield, 1890—1922', *Medical History*, 36, 125—159.

Sturdy, S. (2000), 'The Industrial Body', in R. J. Cooter and J. V. Pickstone (eds), *Medicine in the Twentieth Century*, Amsterdam.

Sturdy, S. and Cooter, R. (1998), 'Science, Scientific Management and the Transformation of Medicine in Britain c1870—1950', *History of Science*, 36, 421—466.

Süsskind, C. (1973), 'Langmuir', *Dictionary of Scientific Biography*, vol. 8, New York, 22—25.

Sviedrys, R. (1970), 'The Rise of Physical Science at Victorian Cambridge', *Historical Studies in the Physical Sciences*, 2, 127—151.

Sviedrys, R. (1976), 'The Rise of Physics Laboratories in Britain', *Historical Studies in the Physical and Biological Sciences*, 7, 405—436.

Swann, J. P. (1988), *Academic Scientists and the Pharmaceutical Industry*, Baltimore.

* Taylor, C. (1989), *Sources of the Self*, Cambridge.

Temin, P. (1980), *Taking Your Medicine: Drug Regulation in the United States*, Cambridge, MA.

Temkin, O. (1973), *Galenism*, Ithaca, NJ.

Temkin, O. (1977), *The Double Face of Janus*, Baltimore.

Thackray, A. (1970), *Atoms and Powers: An Essay on Newtonian Matter-Theory and the Development of Chemistry*, Cambridge, MA.

Thackray, A. (1974), 'Natural Knowledge in Cultural Context: the Manchester Model', *American Historical Review*, 79, 672—709.

** Thackray, A. (ed.) (1992), *Science after Forty, Osiris*, 7.

* Thomas, K. (1971), *Religion and the Decline of Magic*, London.

* Thomas, K. (1983), *Man and the Natural World: Changing Attitudes in England, 1500—1800*, London.

Thomason, B. (1987), 'The New Botany in Britain, 1870—1914', unpublished PhD thesis, UMIST.

Thompson, E. P. (1978), 'The Peculiarities of the English', *Poverty and Theory*, London.

Thompson, S. P. (1898), *Michael Faraday: His Life and Work*, London, Paris, New York and Melbourne.

Timmermann, C. (2000), 'Constitutional Medicine, Neo-Romanticism and the Politics of Anti-Mechanism in Interwar Germany', *Bulletin for the History of Medicine*.

Travis, A. S. (1989), 'Science as Receptor of Technology: Paul Ehrlich and the Synthetic Dyestuffs Industry', *Science in Context*, 3, 383—408.

Travis, A. S. (1992), *The Rainbow* ***Makers.*** *The Origins of the Synthetics Dyestuffs Industry in Western Europe*, Bethlehem, PA, and London.

Travis, A. S., Hornix, W. J. and Bud, R. (eds) (1992), *Organic Chemistry and High Technology 1850—1950, British Journal for the History of Science*, special issue, 25:1.

Tuchman, A. (1988), 'From the Lecture to the Laboratory: The Institutionalization of Scientific Medicine at the University of Heidelberg', in W. Coleman and F. L. Holmes (eds), *The Investigative Enterprise*, Berkeley and Los Angeles, 65—99.

Tuchman, A. (1993), *Science, Medicine and the State in Germany: The Case of Baden, 1815—1871*, New York and Oxford.

Turner, F. (1980), 'Public Science in Britain, 1880—1919', *Isis*, 71, 589—608.

Turner, R. S. (1971), 'The Growth of Professorial Research in Prussia, 1818—1848: Causes and Context', *Historical Studies in the Physical Sciences*, 3, 137—182.

Turner, R. S. (1982), 'Justus Liebig versus Prussian Chemistry: Reflections on Early Institute-Building in Germany', *Historical Studies in the Physical Sciences*, 13, 129—162.

Turrill, W. B. (1959), *The Royal Botanic Gardens, Kew*, London.

Vess, D. M. (1974), *Medical Revolution in France 1789—1796*, Gainesville, FL.

Vincenti, W. (1990), *What Engineers Know and How they Know It: Analyticial Studies from Aeronautical History*, Baltimore.

Vogel, M. J. and Rosenberg, C. E. (eds) (1979), *The Therapeutic Revolution: Essays in the Social History of American Medicine*, Philadelphia.

Vos, R. (1991), *Drugs Looking for Diseases: Innovative Drug Research and the Development of Beta Blockers and the Calcium Antagonists*, Dordrecht.

Walsh, V. (1998), 'Industrial R&D and its Influence on the Organization and Management of the Production of Knowledge in the Public Sector', in J.-P. Gaudillière and I. Löwy (eds), *The Invisible Industrialist*, Basingstoke, London and New York, 298—344.

Ward, W. R. (1972), *Religion and Society in England 1790—1850*, London.

Warner, J. H. (1985), 'The Selective Transport of Medical Knowledge: Antebellum American Physicians and Parisian Medical Therapeutics', *Bulletin of the History of Medicine*, 59, 213—231.

Warner, J. H. (1986), *The Therapeutic Perspective: Medical Practice, Knowledge and Identity in America, 1820—1885*, Cambridge, MA.

Warner, J. H. (1991), 'Ideals of Science and their Discontents in late Nineteenth Century American Medicine', *Isis*, 82, 454—478.

Warner, J. H. (1994), 'The History of Science and the Sciences of Medicine', in A. Thackray (ed.), *Critical Problems in the History of Science, Osiris*, 10, 164—193.

* Watson, J. D. (1968), *The Double Helix: A Personal Account of the Discovery of the Structure of DNA*, London.

** Weatherall, M. (1990), *In Search of a Cure: A History of Pharmaceutical Discovery*, Oxford.

Weber, M. (1949), ' "Objectivity" in Social Science and Social Policy' (first published in 1904), in E. A. Shils and H. A. Finch (eds and trans), *Max Weber on The Methodology of the Social Sciences*, Glencoe, IL.

Webster, C. (1975), *The Great Instauration: Science, Medicine and Reform 1626—1660*, London.

Webster, C. (1982), *From Paracelsus to Newton. Magic and the Making of*

Modern Science, Cambridge.

Weindling, P. (1992), 'From Medical Research to Clinical Practice: Serum Therapy for Diphtheria in the 1890s', in J. V. Pickstone (ed.), *Medical Innovations in Historical Perspective*, Basingstoke and London, 72—83.

Weiss, J. H. (1982), *The Making of Technological Man: The Social Origins of French Engineering Education*, Cambridge, MA.

Werskey, G. (1978), *The Visible College: A Collective Biography of British Scientists and Socialists of the 1930s*, London.

White, G. (1901), *The Natural History of Selborne*, ed. R. Mabey, Harmondsworth.

Whitley, R. (1984), *The Intellectual and Social Organisation of the Sciences*, Oxford.

Williams, L. P. (1971), 'Faraday', *Dictionary of Scientific Biography*, vol. 4, New York, 527—540.

Williams, L. P. (1987), *Michael Faraday: A Biography*, London and New York.

Williams, R. (1958), *Culture and Society 1780—1950*, London.

Williamson, G. S. and Pearse, H. I. (eds) (1938), *Biologists in Search of Material: An Interim Report on the Pioneer Health Centre, Peckham*, London.

Wilson, A. and Ashplant, T. G. (1988), 'Whig History and Present-Centred History', *Historical Journal*, 30, 1—16.

Wilson, D. (1983), *Rutherford Simple Genius*, Cambridge, MA.

Wise, G. (1985), *Willis R. Whitney, General Electric and the Origins of U. S. Industrial Research*, New York and Guildford.

Worboys, M. (1976), 'Science and British Colonial Imperialism 1895—1940', unpublished PhD thesis, 2 vols, University of Sussex.

Worboys, M. (1988), 'Manson, Ross and Colonial Medical Policy: Tropical Medicine in London and Liverpool, 1899—1914', in R. MacLeod and M. Lewis (eds), *Disease, Medicine and Empire: Perspectives on Western Medicine and the Experience of European Expansion*, London, 21—37.

Worboys, M. (1992), 'Vaccine Therapy and Laboratory Medicine in Edwardian Britain', in J. V. Pickstone (ed.), *Medical Innovations in Historical Perspective*, Basingstoke and London, 84—103.

* Worboys, M. (2000), *Spreading Germs: Disease Theories in Medical Practice in Britain 1865—1900*, Cambridge.

Worster, D. (1985), *Rivers of Empire: Water, Aridity and the Growth of the American West*, New York.

Worster, D. (1994), *Nature's Economy: A History of Ecological Ideas*, 2nd edn, Cambridge.

Young, R. M. (1985), *Darwin's Metaphor: Nature's Place in Victorian Culture*, Cambridge.

Yoxen, E. (1983), *The Gene Business: Who Should Control Biotechnology?* London and Sydney.

图书在版编目(CIP)数据

认识方式：一种新的科学、技术和医学史/(英)约翰·V. 皮克斯通(John V. Pickstone)著；陈朝勇译. —上海：上海科技教育出版社，2017.6(2022.6重印)
(世纪人文系列丛书. 开放人文)
ISBN 978-7-5428-5912-9

Ⅰ. ①认… Ⅱ. ①约… ②陈… Ⅲ. ①科学史学—研究 ②医学史—研究 Ⅳ. ①N09②R-09

中国版本图书馆CIP数据核字(2017)第063258号

责任编辑　章　静　宋晓晓
装帧设计　陆智昌　朱赢椿　汤世梁

认识方式——一种新的科学、技术和医学史
[英]约翰·V·皮克斯通　著
陈朝勇　译

出版发行　上海科技教育出版社有限公司
　　　　　(201101　上海市闵行区号景路159弄A座8楼)
网　　址　www.sste.com　www.ewen.co
经　　销　各地新华书店
印　　刷　天津旭丰源印刷有限公司
开　　本　635×965 mm　1/16
印　　张　18.5
插　　页　4
字　　数　247 000
版　　次　2017年6月第1版
印　　次　2022年6月第2次印刷
ISBN 978-7-5428-5912-9/N·1009
图　　字　09-2017-398号
定　　价　60.00元

Ways of Knowing:
A New History of Science, Technology and Medicine
by
John V. Pickstone